流域预报调度
及数字孪生技术研究与应用
——以浙江椒（灵）江流域为例

曾钢锋　著

张仁贡　主审

www.waterpub.com.cn

·北京·

内 容 提 要

本书以浙江省椒（灵）江流域为例，对椒（灵）江流域的预报调度和数字孪生的研究和实践经验进行总结和提炼。

主要内容包括椒（灵）江流域的总体概况、主要洪涝灾害情况、信息化建设现状分析、流域预报调度技术方案及模型建设、流域数字孪生以及椒（灵）江流域数字化系统等。

本书适合于对流域预报调度和数字孪生有兴趣的读者、对智慧流域有研究的同行、水利及相关专业本科学生和研究生等阅读参考。

图书在版编目（CIP）数据

流域预报调度及数字孪生技术研究与应用：以浙江椒（灵）江流域为例 / 曾钢锋著. -- 北京：中国水利水电出版社，2023.6(2024.8重印).
　　ISBN 978-7-5226-1577-6

Ⅰ.①流… Ⅱ.①曾… Ⅲ.①流域－水资源－水文预报－研究－浙江②流域－水利工程－水库调度－研究－浙江 Ⅳ.①P338②TV697.1

中国国家版本馆CIP数据核字(2023)第112415号

书　　名	流域预报调度及数字孪生技术研究与应用 ——以浙江椒（灵）江流域为例 LIUYU YUBAO DIAODU JI SHUZI LUANSHENG JISHU YANJIU YU YINGYONG——YI ZHEJIANG JIAO（LING）JIANG LIUYU WEILI
作　　者	曾钢锋　著
出版发行	中国水利水电出版社 （北京市海淀区玉渊潭南路1号D座　100038） 网址：www.waterpub.com.cn E-mail：sales@mwr.gov.cn 电话：(010) 68545888（营销中心）
经　　售	北京科水图书销售有限公司 电话：(010) 68545874、63202643 全国各地新华书店和相关出版物销售网点
排　　版	中国水利水电出版社微机排版中心
印　　刷	天津嘉恒印务有限公司
规　　格	184mm×260mm　16开本　10.25印张　249千字
版　　次	2023年6月第1版　2024年8月第2次印刷
印　　数	501—1500册
定　　价	**98.00元**

　　本书依托浙江省重大社会公益计划项目"流域性重大洪涝灾害监测预警与风险防控的关键技术及装备研发（2023C03189）"、台州市椒（灵）江流域洪水预报调度一体化平台建设项目等而编写，主要以椒江流域为例，将椒江流域的总体概况、主要洪涝灾害情况、信息化建设现状分析、流域预报调度技术方案及模型建设、流域数字孪生以及椒（灵）江流域数字化系统等研究和实践内容进行总结和提炼，适合于对流域预报调度和数字孪生有兴趣的读者、对智慧流域有研究的同行、水利及相关专业大学生和研究生等对象阅读。研究流域预报调度技术的目的是在数字技术和现代水文模拟理论支持下，根据流域实时作业和"一盘棋"协同预报调度要求，以流域气象数据、实时水雨情和工情数据、水利空间数据等信息资源为基础，依托计算机网络环境，为流域洪水调度指挥决策提供可靠的洪水预报分析，全面提升流域水安全管理、雨洪资源调控和水利工程调度的科技水平。而数字孪生流域是以物理流域为单元、以时空数据为底座、以数学模型为核心、以水利知识为驱动，对物理流域全要素和水利治理管理活动全过程的数字化映射和智能化模拟，实现与物理流域同步仿真运行、虚实交互、迭代优化。数字孪生流域是智慧水利建设的核心与关键。笔者从事水利设计多年，对流域调度和数字孪生的研究非常感兴趣，尤其是对家乡的椒（灵）江流域比较熟悉，为此以椒（灵）江流域为例，把这些年的经验和成果进行总结，抛砖引玉，以此书作为大家研究和进步的垫脚石，供一样有兴趣的读者相互探讨和交流，以便取长补短，相互学习和借鉴。

　　本书的主要内容包括了以下几个方面。首先，对椒（灵）江流域自然资源概况、社会经济概况、水利工程节点（水库、堤塘、水闸等）概况以及历次洪涝灾害进行了描述。其次，本书对椒（灵）江流域的信息化、数字化的现状进行分析，得出了存在的问题及差距，论述了开展流域预报调度和流域数字孪生建设的意义。再次，对椒（灵）江流域的预报调度技术成果，包括洪水预报调度模型开发、水库洪水预报、干支流洪水预报、平原河网洪水预报、风暴潮预报、水库防洪调度、平原河网防洪调度、流域数字孪生、洪水预报调度系统以及数字孪生系统的研发等进行总结。最后，简要描述了椒江流域数字化平台的操作。

本书由台州市水利水电勘测设计院有限公司曾钢锋编写，其他技术单位派人参加了本书的语句优化、图表处理等工作，参加人员有陈芬、杨德全、王琢文、宋华瑞、俞月阳、章阳、王彩红等，由张仁贡教授主审。本书在编写过程中得到浙江省水利厅、台州市水利局、浙江大学、浙江省钱塘江流域中心、浙江禹贡信息科技有限公司等单位的大力支持与指导，在此表示衷心的感谢。在开展研究工作和编写的过程中，得到了许多学者和同行专家的关心和支持，并参考了部分专家、学者的研究成果和有关单位的资料，在此表示衷心的感谢。

由于作者学术水平有限，书中不妥和错误之处在所难免，诚恳地希望和感谢各位专家和广大读者不吝赐教和帮助，使之不断修订和逐步完善。

作者

2023 年 4 月

目录
CONTENTS

第1章 总 体 概 况

1.1 自然概况

椒（灵）江流域位于浙江省中部沿海，是浙江省第三大流域，台州市最大的流域，北接新昌县、磐安县，西邻缙云县，南接金清港流域，东濒东海，介于东经 $120°17'06''\sim$ $121°41'00''$、北纬 $28°32'02''\sim29°20'29''$ 之间。流域主要涵盖了台州市的仙居县、天台县、临海市、椒江区和黄岩区，源头区涉及绍兴市新昌县、金华市磐安县、丽水市缙云县、温州市永嘉县等。流域面积 $6603km^2$。

1.2 社会经济概况

2021年椒（灵）江流域涉及县（市、区）土地面积合计 $7034.52km^2$，常住人口 357.6 万，实现生产总值 2781.87 亿元。

本次先行先试试点流域河段从灵江、始丰溪、永安溪交汇口至椒江入海口，重点区域为临海市古城区。

临海市地处浙江东部沿海、长三角经济圈南翼。全市陆域面积 $2203km^2$，海域面积 $1590km^2$，三面环山、一面靠海，呈"七山一水两分田"地貌，属亚热带季风气候，四季分明、雨量充沛，年平均气温 17.3℃，常年平均降雨量 1638mm，辖 5 个街道、14 个镇，2021 年人口 119.9 万人，常住人口 111.7 万人。2021 年，全市实现生产总值 819.87 亿元，年均增长 8.3%；常住居民人均可支配收入达 73465 元，年均增长 7.7%。主要水系灵江，系浙江省第三大河，自西向东横贯境内。

台州市共有镇级以上河道 534 条，总长 1327km，其中省级河道 3 条、市级 1 条、县级 29 条。建有水库、山塘 329 座，总库容约 4 亿 m^3，其中大型水库 1 座（牛头山水库），中型水库 2 座（溪口水库、童燎水库），在建的方溪水库属省重点工程，总库容 7205 万 m^3。建成各类水电站 89 座，年平均发电量超 1.5 亿 $kW\cdot h$。建有 15 条总长共 39.7km 的一线标准海塘、155 座水闸及机电排涝等一大批水利工程，目前在建的白沙湾标准海塘堤线总长 2280m，按 50 年一遇防潮标准设防。总投资 13.3 亿元的大田平原排涝一期工程开工建设，建成后排涝和防灵江洪（潮）能力将分别达到 10 年一遇、50 年一遇标准。

1.3 水利工程概况

椒（灵）江流域受降雨时间和地区分布不均及台风季节的影响，灾害性天气较频繁，常受台风洪潮袭击，是一个旱涝灾害多发的地区。新中国成立后，尤其是近十几年，水利投入不断加大，大批骨干水利工程相继建成，水利基础设施不断完善，基本形成"蓄""堤""疏""滞"的防洪体系。

1.3.1 水库工程

椒（灵）江流域已建了4座大型水库——下岸水库、里石门水库、牛头山水库、长潭水库（主要参数参见表1.1），还有一些中小型水库，这些水库建成后，对流域洪水有一定调节作用，一定程度上削减了洪水期的洪峰流量，降低了洪水位，而且通过合理调度，水库可以减轻下游洪水灾害损失以及堤防倒毁所引起的一系列环境影响。

表 1.1   流域主要水库主要参数表

行政区	水库名称	所在流域	集雨面积 /km²	总库容 /万 m³	兴利库容 /万 m³	防洪库容 /万 m³
仙居县	下岸水库	永安溪	259.00	13500	10105	1862
	里林水库	九都港	92.30	1245	795	
	朱溪水库（在建）	朱溪	168.90	12573	9849	3862
	盂溪水库	盂溪	46.28	2119	1828	298
	北岙水库		157.10			
	双溪水库	二十都坑	32.50	450		
天台县	里石门水库	始丰溪	296.00	19900	11608	3204
	龙溪水库	黄水溪	76.00	2558	2006	
	桐柏抽水蓄能电站 上水库	始丰溪	6.70	1146.8		
	桐柏抽水蓄能电站 下水库	始丰溪	21.40	1283.6		
临海市	牛头山水库	逆溪	254.00	30250	15600	9616
	方溪水库	方溪	92.30	7205		1423
	溪口水库	龙溪	35.60	2840	2053	
	童燎水库	洞港	17.80	1361		288
黄岩区	长潭水库	永宁江	441.30	73200	45600	20700
	秀岭水库	秀岭溪	13.90	1767	1165	440
	佛岭水库	南岙溪	18.26	1728	1324	614

1.3.2 堤塘工程

灵江干流堤防总长 28.19km，包括城区段堤防及乡镇段海塘两部分。目前城区段已建成临海市城区堤防古城街道段的江北防洪堤，起自灵江一桥，终至小两山、大田港闸，全长 6.7km,采用 50 年一遇防洪标准;临海市江南城防堤防自灵江大桥沿江经两水山至红旗闸,全长 5.7km,目前已实施 1.75km。乡镇段包括长甸堤塘、桩头堤塘、涌泉海塘、红光海塘、玉岘海塘 5 条海(堤)塘。永宁江两岸已经建成完整堤防。堤防自前蒋至永宁江闸,总长 73.2km,新前双丰桥至永宁江大闸防洪标准 50 年一遇,双丰桥以上防洪标准 20 年一遇。椒江河口标准海塘分南北岸:南岸包括红光海塘、椒江海塘黄岩段、椒江区江南海塘、外沙海塘、山东十塘;北岸包括玉砚海塘、椒江区江北海塘、台电海塘、老鼠屿路堤、台电灰库、沿海海塘、南洋海塘、川礁一期海塘、白沙海塘、北洋海塘。除椒江南岸轮渡路西—牛头颈长 2.62km 范围和台州电厂 1.52km 范围防洪标准为100 年一遇外,其余均为 50 年一遇。

1.3.3 水闸工程

椒(灵)江流域现有大型水闸 1 座,中型水闸 4 座,小型水闸 120 多座。大型水闸为永宁江闸,是一座集排涝、灌溉、挡潮等功能于一体的大型水闸,是永宁江水系主要排涝出口。中型水闸包括大田港闸(净宽 40m)、红旗闸(净宽 24m)、西江闸(净宽 20m)、栅浦闸(净宽 15m),均为挡潮(洪水)排涝闸。先试先行段河道两岸主要挡潮(洪水)排涝闸有 32 座,其中灵江段 11 座,椒江段 12 座,永宁江段 9 座。

1.4 主要洪涝灾害

1949 年 10 月至 2019 年的 70 年中,椒(灵)江流域共发生水灾 67 次,其中影响成灾的台风水灾 51 次,影响严重的有 23 次,占 45%。影响较为严重的有 9 次,即 1956 年第 26 号台风,临海站水位 8.12m;1959 年第 5 号台风,临海站水位 9.46m;1962 年第 14 号台风,临海站水位 10.27m;1963 年 12 号台风,临海站水位 9.30m;1990 年 15 号台风,临海站水位 8.92m;1997 年 11 号台风期间,临海站水位 9.51m;2004 年"云娜"台风,临海站水位 8.21m;2007 年"韦帕"台风,临海站水位 8.46m;2019 年"利奇马"台风,临海站水位 10.85m。

1962 年 9 月 6 日,第 14 号台风在福建省连江县登陆,内陆风力达 8 级,大暴雨。仙居县降雨量 250mm;天台县龙皇堂降雨量 547.8mm,受淹农田 16.3 万亩,死亡 14 人;黄岩县降雨量 401.5mm,601 户居民被洪水包围,受灾农田 36 万亩,死亡 11 人;临海县尤为严重,总降雨 409mm,5 日最大降雨量 212mm,溪口降雨量 439mm,逆溪上游降雨量519mm,6 日临海站水位高达 10.27m,为历史最高值。洪水入临海城,水深 3m;城郊、塘里、大田等地一片汪洋,平地水深 4~6m,受灾农田 44.1 万亩,死亡 25 人,伤 108 人。9 月 8 日上午,国务院派飞机在临海大田、城郊空投救灾食品。全流域内死亡 54 人。交通、邮电通信一度中断。

1990 年 8 月 31 日,第 15 号台风在椒江口南岸登陆。风力 12 级以上,狂风暴雨,括苍山过程降雨量 486.5mm。临海市永安溪柏枝岙站 9 月 1 日出现最高洪峰水位 18.67m,洪峰流量 5410m³/s;始丰溪沙段站 8 月 31 日出现最高洪峰水位 17.10m,洪峰流量2940m³/s;临海站 9 月 1 日出现最高水位 8.92m,洪峰流量 8900m³/s。临海市城区进水,最深达 2.5m 以上,大田平原受淹农田 10 万亩,最深达 3m。

1997 年 8 月 18 日,第 11 号台风在温岭市石塘镇登陆。台风时正值农历七月十六日,台风增水与天文高潮位叠加,椒江区海门潮位 5.64m。一线海塘除山东石塘外基本毁坏。8 月 18 日夜,临海市和黄岩区、椒江区城区进水,最深处达 4m。台风、洪潮给台州造成重大损失,全市受灾人口 407.3 万人,死亡 185 人,农作物成灾 149.22 万亩,直接经济损失 115.55 亿元。

2004 年 8 月 11—13 日,台州市遭受了第 14 号台风"云娜"的袭击,8 月 11 日 17 时开始降雨,至 8 月 13 日 10 时,全市平均降雨量达 324.8mm,其中:黄岩长潭站降雨 682mm,临海梅岙站降雨量达 627.4mm,有 16 个雨量站点超过 400mm。流域内柏枝岙站从 12 日 1 时起涨,至 13 日 15 时出现洪峰水位 21.18m,涨幅达 10.40m,超警戒水位历时 15h,居该站历史第六高水位。沙段站从 12 日 10 时起涨,至 13 日 4 时出现洪峰水位 16.59m,洪峰水位略超危急水位,灵江流域控制站临海站从 12 日 15 时起涨,至 13 日 21 时出现洪峰水位 8.21m,涨幅达 10.62m,超过警戒水位历时 22h,居该站历史第七高水位。受台风影响,风暴潮也很高,海门站 12 日 19 时 35 分,实测最高潮位为 5.56m,接近第 9711 号台风 5.64m 的值。

2007 年第 13 号热带风暴"韦帕"于 9 月 19 日 2 时 30 分在苍南霞关沿海登陆。登陆时中心气压 950hPa,近中心最大风力 14 级(风速 45m/s)。受这次强台风影响,始丰溪沙段站 9 月 19 日 6 时 30 分出现洪峰水位 18.09m,超过警戒水位(14.58m)3.51m,超过危急水位(15.58m)2.51m;永安溪仙居站 9 月 19 日 8 时出现洪峰水 43.59m,超过警戒水位(42.03m)1.56m,超过危急水位(43.03m)0.56m;下回头站 9 月 19 日 3 时 54 分出现洪峰水位 57.82m,超过警戒水位(55.05m)2.77m,超过危急水位(56.55m)1.27m;柏枝岙站 9 月 19 日 10 时 30 分出现洪峰水位 20.04m,超过警戒水位(17.05m)2.99m,超过危急水位(19.05m)0.99m;灵江临海站 9 月 19 日 16 时 30 分出现洪峰水位 8.46m,超过警戒水位(5.67m)2.79m,超过危急水位(6.67m)1.79m;椒江西江闸 9 月 19 日 2 时 30 分出现最高水位 3.36m,超过警戒水位(2.82m)0.54m。超过危急水位(2.92m)0.44m。流域普降暴雨,造成了严重的洪灾损失。

2019 年第 9 号超强台风"利奇马"于 8 月 10 日 1 时 45 分在台州温岭城南沿海登陆。"利奇马"台风强度大、时间长,于温岭城南沿海登陆时,近中心最大风力 16 级(52m/s)。8 日 8 时至 11 日 8 时,台州市面雨量 326mm,各县(市、区)普降特大暴雨,主要集中在玉环(411.4mm)、临海(396.9mm)、三门(372.3mm)、黄岩(349.1mm)、温岭(331mm)。最大点临海括苍山(834.3mm),突破 9216 号台风 746.8mm 的局地降雨纪录。临海站 8 月 10 日 20 时前后,由于始丰溪、永安溪洪峰叠加,灵江出现特大流域性洪水,出现洪峰水位 10.85m,超保证水位 4.15m(临海站警戒水位 5.7m,保证水位 6.7m),突破历史极值。临海古城墙城门于 8 月 10 日下午 2 时被洪水冲毁,老城区进水,平均受淹深度 1.5m,于 8 月 11 日上午 6 时开始退水,至 12 日 1 时退水基本完成。受山区洪水影响,大田平原水位自 8 月 9 日 0 时开始持续上涨,平原全面受淹,大田桥站最高水位达到 7.56m,最大淹没约 2.5m;大田港闸上水位最高达到 6.26m,大田平原淹没历时 30h。黄岩区高桥街道、头陀镇、北洋镇受灾较为严重,淹没深度达 1.5m。本次台风台州市有 346.02 万人受灾;农作物受灾面积 11.15 万 hm^2,绝收面积 2 万 hm^2;倒塌房屋 4804 间,严重损坏房屋 10099 间,一般损坏房屋 67539 间;直接经济损失达 261.53 亿元。临海市东胜镇发生滑坡,致 3 人死亡。

第2章 现状分析

2.1 信息化现状

2.1.1 信息化基础

2.1.1.1 数据底板基础

自"十二五"开始，台州市水利局着重发展水利信息化建设，积累了大量的水利空间数据，2020 年开始建设台州市水管理平台，已建成全市水利数据仓和全市水利一张图底图，完成基础空间要素、水利基础空间要素和水利专题要素数据的整理加工，提供水利应用地图服务以及水利空间数据交换服务等，支撑水利各类业务专题应用。已接入多类水利空间数据，包括水库、山塘、泵站、水闸、闸站、海塘、灌区、农村供水、堤防、取水口等各类水利工程数据，雨量、水位、水质、流速流量、视频监控等监测站点数据以及各类业务应用产生的水利空间数据。已收集椒江流域范围的地形图。

2.1.1.2 水雨情感知基础

近年来，台州市积极开展水文测报能力提升建设，全市已累计建设水文测站共计 664 处，其中基本水文测站 95 处，其他为专业综合监测站。可以进行流量监测的有 32 处，水（潮）位监测的有 508 处，雨量监测的有 605 处，地下水监测的有 16 处，泥沙监测的有 3 处，蒸发监测的有 22 处；按照水利工程标准化建设的相关要求，完善视频监控建设，整合各级水利部门及共享相关部门视频监控 2000 多路。台州市气象局等气象公共服务部门，能够提供卫星云图、雷达图、台风路径、降水预报等气象大数据，台州市大数据平台提供数据共享交换服务并汇聚至水利部门的防汛专题气象数据库，满足椒灵江流域洪水预报调度各模块对气象大数据的需求。

2.1.1.3 水利工程监测基础

台州市水利工程监测目前以人工监测为主，自动化监测较少，已建设 20 处水利工程的沉降位移自动监测设施，包括 17 座水库、3 条海塘。

2.1.1.4 数字模型基础

近年来，台州市围绕"数字"工程建设，结合防汛减灾、水资源管理与调度、水资源保护和水土保持等业务需求，编制了"数字"工程数学模拟系统建设规划，以"首席专家＋专业团队"为主要研发模式，开展了降雨径流预报模型、新安江三水源水文模型、一维水动力模型、二维水动力模型、水文水动力耦合模型、风暴潮模型以及水库调度模型等多项水利模型的建设，计算时效性和精度显著提高，有力支撑了管理和决策的现实需求。

2.1.1.5　网络传输基础

台州水利网络环境经过多年信息化建设升级，已形成较为完善的网络环境基础，已贯通各级水利部门纵向联通，跨部门横向联通，监测终端数据的实时上传的多种渠道。数据传输网络方面，数据量较大的视频监控数据，采用光纤专线的方式上传数据，各类感知设备基本采用4G网络上传数据，早期建设的通过2G模块上传数据的设备已基本更新到4G网络，部分水库站点建设北斗卫星通信作为备用通信方式，偏远无信号地区，采用北斗卫星通信。黄岩地区少量监测站点采用超短波方式上传数据。

2.1.1.6　数据资源现状

已建成台州水利数据仓，初步形成水利数据资源目录和"一数一源，按职维护"的数据管理机制，通过收集水利工程数据，整合水利普查数据、水域调查和山洪灾害调查数据，汇聚全市所有水库、山塘、水闸等已建在建水利工程基础信息，接入全市取水户、取水口信息和取水许可证信息，600多处水文监测信息、4000多处智慧水务监测信息及共享一批"五水共治"（即治污水、防洪水、排涝水、保供水、抓节水）水质监测数据，2000多路视频监控信息，1.2万条河道线状数据，2500个流域网格面状数据，15类约6.6万条防汛要素等其他各类信息、数据、多媒体资料，同时河湖管理、工程标准化、山洪灾害、巡查系统等应用积累了大量实时数据和业务数据，具备良好的数据基础。已通过台州市水管理平台、台州市公共数据平台，打通各级水利单位以及跨部门数据共享通道，已接入气象、自然资源、建设、交通、港航、发展改革委等多部门数据。数字孪生椒（灵）江建设可借助水管理平台和公共数据平台的数据共享接口，快速实现省、市各级各部门数据共享接入。

2.1.1.7　云资源情况

台州水利自2016年开始建设云平台，逐步将应用系统迁移上云，到2018年基本完成全部业务应用上云部署。台州市政务云建成应用后，按照市政府要求，逐步将应用系统迁移到政务云，目前主要业务应用都已部署在台州市政务云，面向公众的服务和手机端应用部署在公有云。台州市政务云只允许政务外网访问，不允许公网访问，根据云平台的网络特性，台州水利的业务应用部署原则是：所有业务应用都应部署在政务云，有互联网访问功能（如移动端应用、面向社会公众的服务等）的可部署在公有云，通过数据交换通道实现公有云和政务云的数据同步。

2.1.1.8　网络安全基础

随着信息化的发展，网络安全问题日益突出，台州市着力发展网络安全能力建设和制度建设，已具备较完善的网络安全基础。目前使用的公有云和政务云资源所在的台州市政务云机房均已通过三级等保测评（即信息安全等级保护测评三级），运行中的业务系统均已通过等保测评，其中三级系统1个，二级系统3个。网络安全管理方面，已成立台州市水利局网络与信息安全领导小组，由局长担任组长，其他局领导担任副组长，各业务处室负责人作为成员，明确网络安全职责分工，每年开展网络安全相关培训和应急预案演练，发布了24项网络安全相关管理制度，定期修订完善制度。网络安全防护方面，在云平台提供的基础防护能力基础上再加强防护，部署了包括日志审计、数据库审计、堡垒机、云防火墙、入侵检测、态势感知系统等防护措施，购买第三方公司安全服务，定期进行渗透测试、漏洞扫描，并提供 7×24h 的安全监测预警服务。网络安全技术队伍方面，组建了由水利局技术人员、软件开发单位人员、云平台技术人员、运营商等组成的专业技术团队，保障网络安全。

2.1.2 信息化业务应用基础

台州水利信息化建设经过了智慧水务项目和水管理平台项目建设两次重要过程，通过两个综合性应用平台的建设，对水利业务应用功能进行多次迭代升级，建成了以水管理平台为主要框架，统一门户、统一用户综合业务平台，形成多场景下丰富的水利基础应用，具备较好的单项细化业务管理能力。

2.1.2.1 台州智慧水务

台州智慧水务建成了一个中心——含云中心、平台软件、大数据中心；两张网——高密度多项目的水情监测网、覆盖所有村的基层防汛会商网，两大体系——业务体系、保障体系，以及建设政务和服务等平台等建设内容。

2.1.2.2 台州市水管理平台

根据《浙江省水管理平台总体方案》的架构和任务分工，结合水管理平台试点建设任务与要求，台州市在省水利核心业务梳理的基础上，梳理台州市水利核心业务，开展台州市水管理平台统一用户、统一门户、统一数据、统一地图、统一安全（以下简称"五统一"）等基础建设，整合接入已有业务应用系统，协助省级建设省级统建模块，建设自建业务模块，基于水利数据仓建设台州市数字大屏等。

2.1.2.3 流域洪水预报调度一体化应用

2021 年开始建设的椒江洪水预报调度一体化平台，采用水文水力学耦合模型，结合水库优化调度算法、河口风暴潮预报、接入数值天气预报成果等，实现流域内重要站点（断面）未来 72h 的洪水预报，并可结合预案或现势情况进行水工程优化调度，目前该平台正在联调联试，预计 6 月上线运行。

2.1.2.4 工程标准化管理应用

开展了全市水利工程标准化管理建设，对工程基础信息、安全管理、控制运行、工程调度、维修养护、巡查检查、应急管理等日常运行事务事项在线管理，对工程出现的问题实现闭环处置，并实现与省标准化平台无缝对接。为每个工程分配单独用户，严格控制权限，每个工程可通过平台自行管理，实现水利工程标准化运行管理，提升水利工程专业化、精细化和标准化管理水平。椒江流域内的水库、水闸、泵站、海塘、堤防、电站、农村供水等各类工程都已纳入平台管理。

2.1.2.5 水情发布应用

水情发布中心实现实时水雨情信息发布，区域降雨分析，在线查询卫星云图、雷达图、气象信息、台风路径等，对水雨情数据提供各类丰富的报表查询，实现数据共用共享，为防汛防台应急决策提供支撑。应用范围涵盖椒江流域全域。

2.1.2.6 河湖管理应用

河湖管理以水利 GIS 为基础，对台州全市河湖进行在线管理，以河道为串联，统一展示台州的河道、工程、水生态环境等信息。包括规划管理、涉水项目审批、"四乱"信息（乱占、乱采、乱堆、乱建）、水域岸线监管和美丽河湖建设等。椒江流域内的河湖信息都已纳入应用进行管理。

2.1.2.7 节水数字化应用

节水应用以推进实施节水行动为核心，重点聚焦节水工作多部门数据共享和业务协同，打通跨部门数据共享壁垒，强化节水行业"监管＋服务"和信息发布需求，再造节水工作业务流程，搭建在线互联、数据共享、业务协同、决策支持的台州市节水数字化应用平台，为推进节水工作提供数字化支撑，有效促进水资源综合管理能力提升，形成台州市节水数字化管理新局面。

2.1.2.8 山洪灾害应用

已实现省、市、县三级山洪监测基础信息、调查评价信息、预警信息的互联互通和信息共享，为山洪灾害防御、防汛调度提供全面、及时、准确的支撑服务。

2.1.2.9 视频监控应用

已建成全市统一的视频管理平台，接入各级水利部门的视频数据，以及运营商等相关部门共享的视频数据，已接入 2000 多路视频监控数据，形成统一的接口，按县（市、区）、水利工程、专题等进行展示，实行分级权限管理，实现各级水利部门均可管理查看。

2.1.3 一体化智能化公共数据平台基础

浙江省公共数据平台根据《省市两级公共数据平台建设导则》，由省级公共数据平台和市级公共数据平台组成。省级平台负责全省公共数据归集、治理、共享、开放和安全管理，建设五大基础库、大数据处理分析系统、开放域系统等基础设施，支撑全省政府数字化转型，助力省域、市域治理现代化；市级平台具备市域范围内个性化数据的归集、治理、共享、开放和安全管理能力，负责本地物联网感知数据库和其他特色专题数据库建设，支撑市域治理现代化。

台州市公共数据平台的数据资源能力部分于 2020 年 7 月快速建成全省最新标准的市级公共数据平台，目前累计归集数据 83 亿条，申请使用省级接口 2315 个，开通批量数据空间 29 个，调用数据 13 亿次，支撑保障市、县两级各类应用 202 个；9 月底部署浙江省最新版本的中枢系统，至今已接入部门数 22 个、API（application programming interface，应用程序编程接口）数 156 个、日均调用 API 次数 2 万次；11 月上线最新界面的市级数字驾驶舱，梳理接入 552 项数据指标，涵盖市级党政部门、群团组织、重点国企等近 50 家单位。

基于台州市一体化智能化公共数据平台提供业务协同和数据协同功能。跨部门的数据调用和系统交互依靠现有的公共数据平台进行调阅访问。

2.2 存在问题及差距

按照《水利部智慧水利总体方案》《水利部关于开展数字孪生流域建设先行先试工作的通知》和《数字孪生流域建设技术大纲》等文件精神和要求，椒江流域数字化发展目前依然存在突出短板，与流域"四预"（预警、预报、预演、预案）智慧水利体系存在较大差距。

（1）洪潮防御可视化预演程度弱。通过《椒（灵）江流域洪水预报调度一体化项目》

建设，流域范围内的洪水预报调度水平有较大提升，但《椒（灵）江流域洪水预报调度一体化项目》更多在于提升整个流域洪水预报调度算法的精度和预见期，对于未来降雨带来的河道水位上涨，将导致多少范围被淹没，淹没区域的人口、农田、基建设施有多少，均缺乏有效统计和可视化展示手段。此外，缺乏基于二维、三维底图，对不同方案的淹没范围、淹没损失、洪峰演进等进行直观比较，无法给决策者提供直观的参考建议。尤其是临海古城，由于地势较低，在台风暴雨等工况下，历史上曾经发生过河水倒灌进古城的情形，当河水倒灌后，对古城造成的淹没时序、淹没后果，缺乏相应的计算分析模型和可视化模拟模型，无法为决策者提供参考。

（2）临海古城内涝淹没分析缺乏。由于临海古城经济较为发达，城区内学校、医院等重点保护对象多，对模型预报精度要求高，而模型计算精度受限于地形数据的精细程度，临海古城缺乏高精度地形数据，现有地形数据无法支撑业务需求。

（3）水电生态流量监控存在短板。椒（灵）江流域内有众多小水电站，且多为私人所有，在生态流量监控上存在较大难度。目前，部分小水电站布置了流量计以监控生态流量是否按规泄放，但仍有部分小水电无流量计监测设备，需要基于已有视频摄像头，采用AI识别的算法，辅助管理者进行生态流量监控。

（4）数字孪生算力算法亟须加强。算力、算法是数字孪生高效稳定运行的重要支撑，数字孪生椒（灵）江流域已入选水利部先行先试项目，对标水利部《数字孪生流域建设技术大纲（试行）》（水信息〔2022〕147号，以下简称《技术大纲》），椒江流域算力、算法（包括模型平台与知识平台）亟须加强。

在模型平台方面，水利部《技术大纲》提出，要按照"标准化、模块化、云服务"的要求，进行模型平台开发，实现各类模型的通用化封装及模型接口的标准化，以微服务方式提供统一调用服务。椒（灵）江流域缺乏对各类模型统一封装、统一调用的模型平台。

在知识平台方面，水利部《技术大纲》提出，要利用知识图谱和机器学习等技术实现对水利对象关联关系和水利规律等知识的抽取、管理和组合应用，为数字孪生流域提供智能内核，支撑正向智能推理和反向溯因分析，主要包括水利知识和水利知识引擎。其中，水利知识提供描述原理、规律、规则、经验、技能、方法等信息，水利知识引擎是组织知识、进行推理的技术工具，水利知识经过知识引擎组织、推理后形成支撑研判、决策的信息。椒江流域缺乏对各类知识进行高效利用和自学习的知识平台。

在算力方面，台州市政务云支撑三维模拟的GPU资源缺乏，难以满足数字孪生流域建设要求。

2.3　流域预报调度及数字孪生建设的意义

（1）流域生态保护和高质量发展国家战略的明确要求。《中共中央关于制定国民经济和社会发展第十四个五年规划和2035年远景目标的建议》提出，要加强数字社会、数字政府建设，提升公共服务、社会治理等数字化智能化水平。《中华人民共和国国民经济和社会发展第十四个五年规划和2035年远景目标纲要》明确要求，构建智慧水利体系，以流域为单元提升水情测报和智能调度能力。2021年10月，中共中央、国务院印发《流域生态保护和高质量发展规划纲要》，明确了流域生态保护和高质量发展的总体要求和主要任务，明确指出要运用物联网、卫星遥感、无人机等技术手段，强化对水文、气象、地灾、雨情、凌情、旱情等状况的动态监测和科学分析，搭建综合数字化平台，实现数据资源跨地区跨部门互通共享，对数字孪生建设提出了更加具体明确的要求。

（2）水利高质量发展的强力驱动。水利部党组全面落实"节水优先、空间均衡、系统治理、两手发力"的治水思路，指出智慧水利是水利高质量发展的显著标志，要把推进智慧水利建设作为重要抓手和平台，推动水利数字化、网络化、智能化工作再上新台阶，以数字赋能水旱灾害防御、水资源集约节约利用、水资源优化配置、大江大河大湖生态保护治理。智慧水利建设被提到前所未有的高度，迎来重大机遇。按照"需求牵引、应用至上、数字赋能、提升能力"的要求，加强数字化转型，加快构建智慧水利体系，提高"四预"能力，为新阶段水利高质量发展提供有力支撑与强力驱动。

（3）智慧水利建设的核心与关键。《中华人民共和国国民经济和社会发展第十四个五年规划和2035年远景目标纲要》明确提出：构建智慧水利体系，以流域为单元提升水情测报和智能调度能力。水利部党组高度重视智慧水利建设，提出智慧水利是新阶段水利高质量发展的最显著标志和六条实施路径之一，要加快构建具有"四预"功能的智慧水利体系。2021年以来，水利部先后出台《关于大力推进智慧水利建设的指导意见》《智慧水利建设顶层设计》《"十四五"智慧水利建设规划》《"十四五"期间推进智慧水利建设实施方案》等系列重要文件，全面部署智慧水利建设，并将数字孪生流域建设作为构建智慧水利体系、实现"四预"的核心和关键。数字孪生流域以物理流域为单元、时空数据为底座、数学模型为核心、水利知识为驱动，对物理流域全要素和水利治理管理活动全过程的数字化映射、智能化模拟，实现与物理流域同步仿真运行、虚实交互、迭代优化。数字孪生流域是智慧水利建设的核心与关键。

（4）浙江省数字化改革的根本要求。浙江省全面推动政府数字化改革，数字孪生流域建设是浙江水利厅贯彻落实党中央、水利部、省委决策部署，实现高质量发展、竞争力提升、现代化先行和共同富裕的关键赛道，也是贯彻省委数字化改革的根本要求。根据浙江省委省政府统一部署，2022年浙江省数字化改革重点聚焦城市数字孪生、领域大脑建设，流域数字孪生、水利大脑建设恰逢其时。椒（灵）江流域数字孪生建设是浙江省水利数字化改革"九龙联动治水应用"的重要组成部分，同时也将作为台州市水利数字化改革的重要抓手，通过数字孪生流域建设，提升水利决策与管理的科学化、精准化、高效化能力和水平，快速打造开放、共享、动态的流域数字孪生平台。

（5）适应现代信息技术发展形势的必然要求。近年来，信息技术发展和新技术应用带来很多新变革。随着云计算、大数据、人工智能等新一代信息技术快速发展，推动业务发展向数字化、网络化、智能化转变的技术条件已经具备。在数字化方面，现代空间对地观测的新技术不断涌现，卫星遥感、航空遥感、无人机倾斜摄影、智能传感器、物联网等现代遥感和监测技术，为流域水系、水利工程、水利管理运行体系动态在线监测提供了先进感知手段；在网络化方面，信息网络技术的迅猛发展和移动智能终端的广泛应用，互联网特别是移动互联网以其泛在、连接、智能、普惠等突出优势，成为流域管理创新发展新领域、信息获取新渠道、决策支持新平台；在智能化方面，理论建模、技术创新、软硬件升级的整体推进正在引发链式突破，为实现水利智能分析研判和科学高效决策提供技术驱动。要切实增强使命感、责任感、紧迫感，抢抓发展机遇，充分发挥新一代信息技术的支撑驱动作用，强化信息技术与水利业务深度融合，加快推进数字孪生建设，推动新阶段水利高质量发展。

（6）强化流域治理管理的迫切要求。强化流域治理管理，实现流域统一规划、统一治理、统一调度、统一管理，必须由数字孪生流域作技术支撑。统一规划需要在数字孪生流域中，将流域自然本底特征、经济社会发展需要、生态环境保护要求等作为条件或约束，对规划内容、指标等要素预演分析，全面、快速比对不同规划方案的目标、效果和影响，确定最优规划方案，提高规划的科学性、合理性、可行性，实现流域综合规划、专项规划、区域规划衔接协调。统一治理需要在数字孪生流域中预演工程项目建设方案，评估工程与规划方案的符合性，分析工程对周边环境和流域整体影响，辅助确定工程布局、规模标准、运行方式、实施优先序等指标。统一调度需要在数字孪生流域中预演洪水行进路径、洪峰、洪量、过程，动态调整防洪调度方案；根据流域内不同区域生产、生活、生态对水位、水量、水质等指标的要求，预演工程体系调度，动态调整和优化水资源调度方案；发电、航运、生态、泥沙等调度方案也都需要在数字孪生流域中预演，确保工程体系多目标联合调度整体最优。统一管理需要通过数字孪生流域动态掌握水资源利用、河湖"四乱"、河湖水系连通、复苏河湖生态环境、生产建设项目水土流失、水利设施毁坏等情况，实现权威存证、精准定位、影响分析，加强信息共享和业务协同，支撑上下游、左右岸、干支流联防联控联治，为依法实施流域统一管理提供技术支持。

第3章 流域预报调度

3.1 洪水预报调度技术方案

3.1.1 洪水预报调度模型开发

模型系统是椒（灵）江洪水预报调度一体化平台的支撑体系，根据椒（灵）江流域特性，构建洪水预报调度一体化模型，通过 WebServices 接口为业务应用层提供模型服务。模型服务内容包括：

（1）多源数据融合的风暴潮数值模拟模型。

（2）气象水文工情数据驱动的流域洪水演进虚拟仿真模型。

（3）平原河网水文水动力耦合模型。

（4）水利工程联合调度及优化模型等。

针对椒（灵）江流域的特性，构建全流域预报调度耦合模型。上游山区降雨产流作为上游来水边界，下游椒江口潮位作为潮位边界。在椒（灵）江流域基础资料收集完备基础上，椒江干支流等山区采用新安江模型进行产流计算，通过马斯京根法计算汇流至各个水库，通过水库调度模型的构建，结合椒江干支流一维河网进行洪水演算。大田平原、义城港平原以及东部平原等平原地区采用四种下垫面计算产流，通过单位线的方式汇流至平原一维河网，同时构建闸坝模型对水利工程的影响进行模拟计算，并构建区域二维模型，对流域易涝区的淹没情况进行模拟。模型系统架构如图 3.1 所示。

3.1.1.1 水文模型

考虑到椒（灵）江流域山丘区和平原区产汇流特点的差异性，流域水文模型划分成山区水文模型和平原区水文模型两块。

山区水文模型产流模拟有降雨径流相关模型、新安江模型、TOP Model、水面产流模型等方法，本次计算拟采用理论明确、技术成熟、对南方地区较为适用的三水源新安江模型，汇流模拟方法采用马斯京根法。

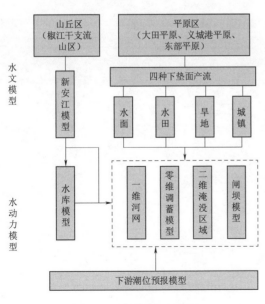

图 3.1 模型系统架构图

3.1.1.2 水动力模型

椒（灵）江流域洪水预报调度项目中水动力学模型分为四类，分别为零维调蓄模型、一维水动力模型、二维水动力模型和闸、堰、漫堤水流连接通道模型等。

1. 零维调蓄模型

椒（灵）江流域内水塘、低洼地众多，许多河道交汇处有较大的水面。当水位变化时，由于水面积较大，对水流的调蓄作用不可忽略，必须加以模拟。因此，把这些水面归结于某些节点上，认为这些节点是可调蓄节点，调蓄面积为水域面积。此类要素的概化是在地形图上量算水位-容积（面积）关系，并在建模时与相应的主干河道进行连通。

对于水塘、小的湖泊零维区域，对洪水行为的影响主要表现在水量的交换，动量交换可以忽略，反映洪水行为的指标是水位，水位的变化规律必须遵循水量守恒原理。

2. 一维水动力模型

椒（灵）江流域内的河道水流运动，严格地讲是水力要素随时间、空间均变化的运动，即三维非恒定问题。由于三维非恒定模型在数学求解及其基本方程的理论假设上还有诸多问题需要讨论，在实际计算中常常将问题简化为二维、一维非恒定问题来求解。断面流量与水位是普遍关心的两种水力要素，通常情况下，河道水流可以看作是纵向一维明渠非恒定渐变流。

3. 二维水动力模型

椒（灵）江流域的河口段水面较宽，水力要素在平面上有明显差异；并且在发生较大洪水时，在永安溪与始丰溪汇合口、义城港平原、大田平原均可能发生洪水漫出主河槽，行洪于滩地、道路等非水域范围的情况，对此种水流运动，采用二维模型。与一维数学模型相比，二维数学模型能够提供更加详细的水情信息，随着数值计算方法和计算机技术的快速发展，二维水动力学模型已经成为水利工程界分析河道洪水、漫堤洪水的常用技术手段。

4. 闸、堰、漫堤水流连接通道模型

椒（灵）江流域洪水运动模拟由零维、一维、二维模拟所组成，各部分模拟必须耦合联立才能求解，各部分模拟的耦合是通过"连接通道"来实现的。"连接通道"就是各种基本元素的连接关系，主要是指流域中控制水流运动的堰、闸及行洪区口门等。连接通道的过流流量可以用水力学的方法来模拟。根据连接通道是否考虑局部水头损失与沿程水头损失，可分为堰型连接通道与河道型连接通道。

3.1.1.3 水文-水动力耦合模型

全流域洪水预报采用水文-水动力耦合模型，其中水文模型与水库洪水预报的模型一致，采用新安江模型；山丘区上游段河道汇流采用马斯京根法，永安溪、始丰溪以及椒江主河道的洪水演进采用水动力模型，包括零维模型、一维水动力学模型、二维水动力学模型以及工程控制模拟模型等，将水文模型的出流，作为水动力模型的入流，形成耦合，水文水动力耦合模型结构如图 3.2 所示。

根据椒（灵）江流域的流域特性，由于洪水受上游来水、当地降雨、下游顶托（如河口潮汐顶托、台风增水顶托等）和人类活动等综合影响，洪水运动情况复杂，洪水下泄不畅，这部分区域的洪水预报采用以水文、水动力学相结合的方法解决。流域水循环模型结构示意如图 3.3 所示。

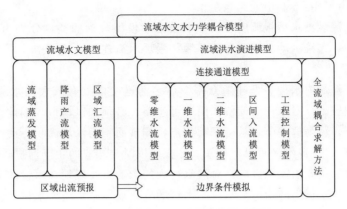

图 3.2　流域水文水动力耦合模型结构

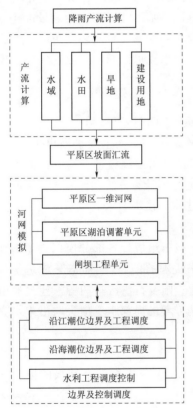

图 3.3　流域水循环模型结构示意图

上述概化，基本上包含各种流域特征，针对具体水流情况采用合适的数值求解方法，将各部分的求解有机地结合起来，形成全流域耦合求解的流域动力模拟模型。该模型实际上已具备了分布水文模型中的分布式汇流结构部分，且实现了流域水流模拟模型的通用化，使模型完全能够反映水流在流域内的运动情况。

3.1.1.4　洪水调度模型

椒（灵）江流域调度方案的工作思路是：采用水文水动力耦合模型模拟流域水循环，采用智能调度模型实现自动寻优与人工干预两种模式下合理调度，以解决全流域、多目标复杂工程群调度问题。

3.1.2　水库洪水预报方案

该技术方案以牛头山水库为例构建水库洪水预报模型。

3.1.2.1　水库预报模型的构建及预报精度

1. 模型构建

牛头山水库洪水预报模型的构建包括基础资料收集和分析、模型建立和模型率定验证三个部分，其他水库类似，这里不再阐述。

（1）基础资料收集和分析。根据水文站网分布以及流域情况、主要水利工程特点进行子流域划分，同时根据划分好的子流域计算每个计算单元的下垫面参数；根据各个计算单元、气象站（雨量站）的空间关系，计算每个计算单元雨量站降水权重、旬平均小时蒸发量；本次水文预报方案采用的雨量、蒸发和水库水文要素摘录资料均由水文站提供。

（2）模型建立。首先根据收集整理的基础地理资料，确定牛头山水库上游集水范围，在了解牛头山水库上游山区地理特性的基础上，根据其水文地理特征选用新安江模型对区域产流进行模拟计算。在预报模型选定的基础上，开发牛头山水库模型，构建上游山区产流模型以及牛头山水库模型，下游以工程控制模型调度至邵家渡港一维河道模型中。模型构建完成后，输入上游山区预报降雨资料，通过模型计算，得出上游洪水流量，洪水过程等信息，并根据上述计算结果定制预报方案。

（3）模型率定验证。本次新安江模型预报方案参数率定采用的计算时段长为 1h，选用收集到的流域内测站的水文资料（50 场次）进行模型参数调试与检验。选取一定场次的代表性洪水进行参数率定，预留若干场次的洪水进行参数检验。采用洪峰流量、洪量和峰现时间评价预报方案的精度。

本次参数率定所选用的目标函数为误差平方和准则，即实测流量和模拟流量差值的平方和最小；参数优化的方法是人机对话优化，即先选取一组参数作为第一近似值，然后计算机自动优选参数，再结合人工经验进行参数调整，找到满足精度要求的一组参数值。

2. 预报精度

具体精度评定方法如下。

（1）洪水预报精度评定应包括预报方案精度等级评定、作业预报的精度等级评定和预报时效等级评定等。洪水预报精度评定的项目包括洪峰流量（水位）、洪峰出现时间、洪量（径流量）和洪水过程等，可根据预报方案的类型和作业预报发布需要确定。洪水预报误差的指标可采用以下三种：

1）绝对误差。水文要素的预报值减去实测值为预报误差，其绝对值为绝对误差。多个绝对误差值的平均值表示多次预报的平均误差水平。

2）相对误差。预报误差除以实测值为相对误差，以百分数表示。多个相对误差绝对值的平均值表示多次预报的平均相对误差水平。

3）确定性系数。洪水预报过程与实测过程之间的吻合程度可用确定性系数作为指标，按下式计算：

$$DC = 1 - \frac{\sum_{i=1}^{n}\left[y_c(i) - y_0(i)\right]^2}{\sum_{i=1}^{n}\left[y_0(i) - \overline{y_0}\right]^2} \tag{3.1}$$

式中　DC——确定性系数（取 2 位小数）；

$y_0(i)$——实测值，m；

$y_c(i)$——预报值，m；

$\overline{y_0}$——实测值的均值，m；

n——资料序列长度。

（2）许可误差是依据预报成果的使用要求和实际预报技术水平等综合确定的误差允许范围。由于洪水预报方法和预报要素的不同，对许可误差作如下规定：

1）洪峰预报许可误差。降雨径流预报以实测洪峰流量的 20% 作为许可误差；河道流量（水位）预报以预见期内实测变幅的 20% 作为许可误差。当流量许可误差小于实测值的 5% 时，取流量实测值的 5%，当水位许可误差小于实测洪峰流量的 5% 所相应的水位幅度值或小于 0.10m 时，则以该值作为许可误差。

2）峰现时间预报许可误差。峰现时间以预报根据时间至实测洪峰出现时间之间时距的 30% 作为许可误差，当许可误差小于 3h 或一个计算时段，则以 3h 或一个计算时段长作为许可误差。

3）径流深预报许可误差。径流深预报以实测值的 20% 作为许可误差，当该值大于 20mm 时，取 20mm；当小于 3mm 时，取 3mm。

4）过程预报许可误差。过程预报许可误差规定如下：

a. 取预见期内实测变幅的 20% 作为许可误差，当该流量小于实测值的 5%，水位许可误差小于以相应流量的 5% 对应的水位幅度值或小于 0.10m 时，则以该值作为许可误差。

b. 预见期内最大变幅的许可误差采用变幅均方差 σ_Δ，变幅为 0 的许可误差采用 $0.3\sigma_\Delta$，其余变幅的许可误差按上述两值用直线内插法求出。

当计算的水位许可误差 $\sigma_\Delta > 1.00m$ 时，取 1.00m，计算的 $0.3\sigma_\Delta < 0.10m$ 时，取 0.10m。算出流量许可误差 $0.3\sigma_\Delta$ 小于实测流量的 5% 时，即以该值为许可误差。

变幅均方差按下列公式计算：

$$\sigma_\Delta = \sqrt{\frac{\sum_{i=1}^{n}(\Delta_i - \overline{\Delta})^2}{n-1}} \tag{3.2}$$

式中　Δ_i——预报项目在预见期内的变幅；

　　　$\overline{\Delta}$——变幅的均值；

　　　n——样本个数。

5）对预报要素的精度评定作如下规定：一次预报的误差小于许可误差时，为合格预报。合格预报次数与预报总次数之比的百分数为合格率，表示多次预报总体的精度水平。合格率按下列公式计算：

$$QR = \frac{n}{m} \times 100\% \tag{3.3}$$

式中　QR——合格率（取 1 位小数）；

　　　n——合格预报次数；

　　　m——预报总次数。

预报要素的精度按合格率或确定性系数的大小分为三个等级。精度等级按表 3.1 规定确定。

表 3.1　　　　　　　　　　　预报要素精度等级表

精度等级	甲	乙	丙
合格率/%	$QR \geq 85.0$	$85.0 > QR \geq 70.0$	$70.0 > QR \geq 60.0$
确定性系数	$DC > 0.90$	$0.90 \geq DC \geq 0.70$	$0.70 > DC \geq 0.50$

6）预报方案的精度评定作如下规定：

a. 当一个预报方案包含多个预报项目时，预报方案的合格率为各预报项目合格率的算术平均值。其精度等级仍按上表的规定确定。

b. 当主要项目的合格率低于各预报项目合格率的算术平均值时，以主要项目的合格率等级作为预报方案的精度等级。

c. 方案精度达到甲、乙两个等级者，可用于正式预报；方案精度达到丙等者可用于参考性预报；方案精度达到丙等以下者，只能用于参考性估报。

3.1.2.2 牛头山水库预报方案

1. 预报对象

牛头山水库控制断面洪峰流量、水位、洪峰出现时间、洪量、洪水过程。

2. 预报方法与模型

首先根据收集整理的基础地理资料，确定牛头山水库上游集水范围，在了解牛头山水库上游山区地理特性的基础上，根据其水文地理特征选用新安江模型对区域产流进行模拟计算。在预报模型选定的基础上，开发牛头山水库模型，构建上游山区产流模型以及牛头山水库模型，下游以工程控制模型调度至邵家渡港一维河道模型中。模型构建完成后，输入上游山区预报降雨资料，通过模型计算，得出上游洪水流量，洪水过程等信息，并根据上述计算结果定制预报方案。

牛头山水库预报方案的编制流程如图 3.4 所示，分为以下 5 个部分：

（1）根据水文站网分布以及流域情况、主要水利工程特点进行子流域划分，以及划分好的子流域计算每个计算单元的下垫面参数。

（2）根据各个计算单元、气象站（雨量站）的空间关系，计算每个计算单元雨量站降水权重、旬平均小时蒸发量。

（3）使用牛头山水库预报站新安江流域水文模型参数进行产汇流模拟，得到历史降水的模拟径流过程。

（4）根据牛头山水库的实测降水过程和经验，调整坡面汇流和河道汇流单位线，使其符合流域产流特征。

（5）根据历史雨量形成的洪水过程，推荐合适的模型参数和雨量预警标准，即形成洪水预警方案。

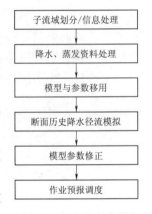

子流域划分/信息处理

降水、蒸发资料处理

模型与参数移用

断面历史降水径流模拟

模型参数修正

作业预报调度

图 3.4 牛头山水库预报方案编制流程

新安江模型是由原华东水利学院赵人俊教授等提出，并在近代山坡水文学的基础上进行改进形成的三水源新安江模型。新安江模型是分散型结构，它把流域分成许多块单元流域，对每个单元流域做产汇流计算，得出单元流域的出口流量过程，再进行出口以下的河道洪水演算，求得流域出口的流量过程。每个单元流域的出流过程相加，就是流域出口的总出流过程。模型设计成为分散型主要是为了考虑降雨分布不均的影响，其次也考虑了下垫面条件的不同及其变化，特别是大型水库等人类活动的影响。

模型的产流部分以蓄满产流理论为基础，增加了一个流域不透水面积比参数 IMP，这个参数在湿润地区不重要，可不用；在半湿润地区，由于气候干燥，此参数就有必要。模型的蒸散发计算，采用三层模型；河道洪水演算，采用线性解，再将流域汇流的部分补充进去。在流域汇流中，地面径流的汇流采用经验单位线，并假定每个单元流域上的汇流单位线都相同，使结构简单化。汇流单位线乘以地面径流深再乘以流域面积，得到出流过程。要使各个单元流域的汇流单位线相同，首先要求地形条件一致，其次要求流域面积相近。因此在划分单元流域时，应尽可能使各块面积相差不太大。地下径流的汇流采用线性水库，地下汇流速度很慢，它的河道汇流阶段可以忽略，降雨在面上分布不均匀影响也可以忽略。

三水源新安江模型的输入为降雨量 P 和水面蒸发量 EM，输出为流域出口断面流量 Q 和流域蒸散发量 E。模型主要由四部分组成，即蒸散发计算、产流量计算、水源划分和汇流计算。

3. 方案构建

根据流域自然地理和暴雨洪水特性的分析，并考虑水利工程运行的影响，在编制流域控制断面水文预报方案时，遵循以下原则：

（1）预报方案预见期满足电站运行对水情预报要求，预报精度满足《水文情报预报规范》（GB/T 22482—2008）规定的发布要求。

（2）预报方案的研制符合流域水文特性，充分利用现有水文资料。

（3）水情预报充分考虑气象预报信息，以提高精度和延长预见期。

（4）预报模型的选用遵循实用、先进的原则。

牛头山水库以上大田港流域面积 254.0km^2，以牛头山水库站为预报断面，根据流域特性、流域水系、水利工程、测站分布等，并考虑降雨分布不均匀性的影响及上下不同单元块洪水传播的影响，将牛头山水库站以上大田港流域分为 1 个块 6 个计算单元。先根据每个雨量站位置，利用泰森多边形法划分成 6 个计算单元，然后根据流域水系、地形状况进行人工修改，牛头山流域分块分单元示意如图 3.5 所示，大田港流域牛头山预报断面预报方案配置见表 3.2。

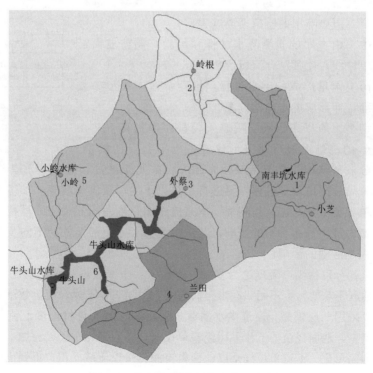

图 3.5　牛头山流域分块分单元示意图

表 3.2　　　　　　　　　　大田港流域牛头山预报断面预报方案配置表

预报断面	单元编码	代表雨量站	单元面积/km^2	总面积/km^2	洪水预报方案
70404100 （牛头山水库）	7090800101	小芝	53.10	254.0	各单元分别采用三水源新安江模型进行模拟，采用马斯京根法将各单元出口流量演算至断面出口，叠加得到断面出口流量
	7090800102	岭根	40.10		
	7090800103	外蔡	55.10		
	7090800104	兰田	33.30		
	7090800105	小岭	35.20		
	7090800106	牛头山水库	37.20		

1）洪水预报时段。采用的降水资料为逐小时时段资料，利用该资料制作的洪水预报输出结果的时段长为 1h。

2）预报单元雨量权重。按照已经划分好的 6 个计算单元的面积，计算得到每个单元中雨量站的权重，各计算单元代表雨量站及其权重。

3）资料收集整理。本次水文预报方案采用的雨量、蒸发和水库水文要素摘录资料均由水文站提供。

4）雨量资料收集。总共收集了 6 个雨量站的逐时雨量资料，各站雨量资料详见表 3.3。

表 3.3　　　　　　　　　　流域雨量站资料情况表

序号	测站名	站码	资料起止时间/(年-月-日)		备　注
1	小芝	70432400	1980 - 04 - 01	至今	汛期 4—10 月 1h 雨量
2	岭根	70432600	1980 - 04 - 01	至今	
3	小岭	70432920	2007 - 04 - 01	至今	1991—1999 年场次洪水小时数段雨量资料，2007—2019 年汛期 4—10 月 1h 雨量
4	外蔡	70432700	2007 - 04 - 01	至今	
5	兰田	70432900	2007 - 04 - 01	至今	
6	牛头山	70433200	1980 - 04 - 01	至今	汛期 4—10 月 1h 雨量

5）洪水资料收集。流域内无流量测验项目，牛头山水库站有水库摘录资料。本次收集到牛头山水库站 1991—1999 年场次洪水水库入库反推流量过程，2007 年、2008 年、2010—2019 年水库站洪水要素摘录资料，见表 3.4。

表 3.4　　　　　　　　　　牛头山水库站洪水资料情况表

测站名	站码	资料起止年份	有无流量水位关系	备　注
牛头山水库	70404100	1991—2012	无	1991—1999 年水库入库流量、水位，2007 年、2008 年、2010—2019 年水库水文要素摘录，出库流量、蓄水量

6）蒸发资料收集。流域内牛头山水库站有蒸发观测项目，蒸发资料选用该站的日蒸发资料，蒸发站资料情况见表 3.5。

表 3.5　　　　　　　　　　　　牛头山水库蒸发测站资料情况表

测站名	站码	资料起止年份	备　注
牛头山水库	70433200	1991—2012	1991—2019 年逐日蒸发量

　　7）资料处理。由于水文站已经对收集到的大部分资料进行了处理，各种资料比较可靠。只需将雨量和蒸发资料按照一定的格式进行资料整编和计算统计，利用水库站的水库水文要素摘录资料反推入库流量：将雨量资料处理成 1h 时段的雨量值，将日蒸发资料处理成各旬的平均 1h 时段蒸发量值。

　　流域内 6 个雨量资料各站起始年份不一致，外蔡、兰田和小岭站资料起始年份为1991 年，其余三站为 1980 年，牛头山水库站的水库水文要素摘录从 1991 年开始，故外蔡、兰田和小岭三站的雨量资料不影响洪水挑选。

　　流域采用牛头山水库蒸发站的实测日蒸发资料，模型中利用日实测蒸发量进行产汇流计算；同时，将其资料统计到各旬，计算各旬的日平均蒸发量，然后输入到洪水预报系统调用的数据库中。当蒸发站某日蒸发资料缺测时，模型则自动选择统计的各旬 1h 时段平均蒸发量进行产汇流计算，此时计算单元采用相同的各旬 1h 时段平均蒸发量，即蒸发量的计算时段长为 1h，蒸发站各旬 1h 时段平均蒸发量见表 3.6。

表 3.6　　　　　　　　　　　牛头山水库站各旬 1h 时段计算蒸发量表

旬编号	蒸发量/mm	旬编号	蒸发量/mm	旬编号	蒸发量/mm
1	0.05107	13	0.11420	25	0.13587
2	0.04605	14	0.11301	26	0.12038
3	0.05056	15	0.11132	27	0.10902
4	0.05558	16	0.11623	28	0.10769
5	0.05692	17	0.09523	29	0.11102
6	0.06114	18	0.11837	30	0.09475
7	0.06992	19	0.15343	31	0.08157
8	0.06264	20	0.17248	32	0.07169
9	0.07754	21	0.18132	33	0.06727
10	0.08879	22	0.15765	34	0.05973
11	0.09203	23	0.15619	35	0.05009
12	0.10159	24	0.13709	36	0.05337

　　由于无牛头山水库站的实测入库流量，根据水库水文要素摘录资料反推入库流量。水库水文要素摘录中有时间、各时刻的坝上水位、蓄水量和出库流量，将下一个时刻和上一个时刻相减的到时段长，将下一个时段的蓄水量与上一个时段的蓄水量相减得到该时段的蓄水量，同时计算出时段平均出库流量，利用水量平衡关系求出时段平均入库流量，计算公式如下：

$$\overline{Q_入}=\overline{Q_出}+\Delta W/\Delta_t \tag{3.4}$$

式中　$\overline{Q_入}$——时段平均入库流量，m^3/s；

$\overline{Q_{出}}$——时段平均出库流量，m^3/s；

ΔW——时段库水库蓄水量差，m^3；

Δ_t——时段长，s，模型中取为 1h。

若上下两个时段间隔超过 10 天，则将下一个时段以后的系列数据当作新数据重新计算。得到入库流量系列后对其进行处理：若流量中存在负值，则检查水位和库容计算是否正确，若无误则在总量变化不大的前提下，将前后各时段的平均流量值适当调整，使其相对平滑。

流量资料处理成 1h 时段的流量时按照线性插值处理，若上下两个瞬时流量值间隔大于 1h，则认为中间时段的瞬时流量值为两者的线性插值，如 18：15—21：00 之间仅有两端两个流量值：18：15 的瞬时流量为 $300m^3/s$，21：00 的瞬时流量为 $410m^3/s$，则 19：00 的瞬时流量线性插值为 $330m^3/s$，20：00 的瞬时流量则为 $370m^3/s$；若存在跨时段的分钟瞬时流量，处理方法类似。

上述资料经过处理后基本符合数据库的输入要求，按照格式编制程序输入数据库即可。

4. 参数分析

水文模型由模型结构和模型参数构成，一旦模型结构确定下来，模型参数是影响洪水预报结果非常重要的因素。流域水文模型的物理概念比较明确，但模型参数较多，其中有很多需要通过优选才能确定的参数。优化模型参数以使洪水过程拟合最好的过程即为参数优选。

模型中随流域降雨径流特性以及下垫面条件不同而参数各异，如各土层蓄水容量、自由水库容量、蒸散发系数、水流的出流和消退系数等，一般需采用系统分析方法来确定，即以降雨量、蒸发量作为系统的输入，在确定一组待求参数的条件下，通过模型运算，最后输出流域出口断面处的流量过程，经过对参数的不断调整，使计算和实测的流量过程拟合最佳，这种方法称为目标最佳拟合法，是优选模型参数的最有效方法。目标最佳拟合的准则常具体化为一个目标函数，并使其达到最优。通常采用的目标函数有误差平方和准则（最小二乘法准则）、误差绝对值和准则、确定性系数准则和洪峰预报合格率准则等四种。值得注意的是，不同的目标函数，体现了人们对模拟成果的不同要求。因此，在优选模型参数时，必须根据具体情况，选用一种适宜的目标函数。

（1）参数优选。参数优选常用的方法有人工优选、自动优选以及人机对话优选等几种。

1）人工优选。人工调试就是在人们的知识经验范围内，从各种参数组成的方案中，挑选拟合成果最佳的一组参数。从调试经验看，参数的性质不同，对它起决定作用的目标函数也有所不同。根据对各参数灵敏度分析，产流参数主要决定于各时段内水量平衡和水源比例分配；而汇流参数则主要决定于洪水过程的形状。

2）自动优选。数学寻优是通过计算机编制最优化程序由机器自动实现的。最优化方法大体可分为两类，一类是解析法，另一类是数值法。解析法是利用微分学、变分学等经典数学方法，寻找函数的极值。如果欲求在约束条件下函数的极值，称为条件极值。为了应用解析法，最优化问题必须用严格的数学语言来描述，且要求参数对目标函数的一阶和二阶导数存在。数值法又叫搜索法，方法本身并不要求解问题的目标函数具有严格的解析表达式，仅沿着一些有利于到达极值的搜索途径进行目标函数值计算的各种试验，通过迭代程序来产生最优化问题的近似解，因此，计算工作量很大是这个方法的特点。

如果最优化方法按问题叙述的成分分类，则分有约束与无约束目标函数，又有离散型和连续型变量之分。由于上述四种目标函数形式是离散型，函数又是非线性的，一般选用数值法比较适宜，如步长加速法、转轴法、方向加速法以及带有约束条件的惩罚函数法等。

机器自动优选参数较人工调试参数具有省事、成果拟合精度高，且标准统一不因人而异等优点。但实践表明，这种方法会带来一些需要设法解决的问题，如求定的参数有时在数学上为最优，而在物理概念上不够合理或不可取。因此模型参数的调试，应该是人机结合。如何在机器优选中体现人工调试经验，是模型参数自动优选的发展方向。

3）人机对话优选。人机对话方式优选，可以人为选取一组参数作为第一近似值，然后再自动优选；也可以设计由终端屏幕上显示的输入参数表格形式，由操作人员输入或改变有关参数，通过送进简单的指令，即可在屏幕上输出实测与计算流量过程的对照图形。不断改变参数值来观察两者拟合的精度，最终确定模型的参数。这种方法可以把人工的调试经验和参数的合理取值有效地结合起来。

人机对话优选方法还可以不断充实，发展的方向是，把人工调试与数学寻优两者结合起来，可以在数学寻优过程中，根据事先的需要，设置一些人机对话的控制性语句，在机器自动寻优程序过程中，给以必要的人工干预，以期达到实用精度条件下的参数寻优。

根据过去多年的经验，一般认为人工优选法可以得到较好的参数。不过采用该方法需花费较长的时间，而且从事优选的技术人员必须具备熟练的技巧与经验。另外，用计算机自动优选的优点在于快而简单，但它完全依赖于目标函数。由于不确定地选择初值而给出次优解，在此情况下虽可达到一定的模拟精度，但在实际预报中可能会出现问题，因此，模型参数率定一般采用人工优选与计算机自动优选法相结合的方法。

（2）新安江模型参数率定与检验。本次新安江模型预报方案参数率定采用的计算时段长为 1h，选用收集到的流域内测站的水文资料进行模型参数调试与检验。选取一定场次的代表性洪水进行参数率定，预留若干场次的洪水进行参数检验。采用洪峰流量、洪量和峰现时间评价预报方案的精度。

本次参数率定所选用的目标函数为误差平方和准则，即实测流量和模拟流量差值的平方和最小；参数优化的方法是人机对话优化，即先选取一组参数作为第一近似值，然后计算机自动优选参数，再结合人工经验进行参数调整，找到满足精度要求的一组参数值。

（3）参数配置与洪水选取。对牛头山水库块区的 6 个计算单元进行 1h 时段新安江模型的参数率定。新安江模型所需的输入主要有流域内雨量站雨量及权重、控制站流量、蒸发等资料。6 个计算单元雨量站的权重按照泰森多边形法并依据水系、地形人工调整后给出；每个单元内仅有一个雨量站，其权重均为 1.0；旬平均 1h 时段蒸发量已经计算，以下主要针对新安江模型参数、坡面和河道汇流单位线等进行参数率定和检验。

由于新安江模型参数中的 C、B、IM、EX 值相对不敏感，因此先设定这几个参数为定值，并为其他参数设定取值范围，采用粒子群优化算法（PSO）进行参数寻优，取值范围参见表 3.7。

表 3.7　　　　　　　　　　　　　新安江模型参数取值范围表

参数名称	K	UM	LM	C	WM	B	IM	SM	EX	KG	KI
最小值	0.5	5	60	0.09	100	0.1	0.01	10	1	0.05	0.05
最大值	1.2	20	90	0.15	150	0.4	0.05	50	1.5	0.65	0.65
推荐值	1	10	75	0.16	130	0.25	0.02	30	1.2	0.35	0.35
是否优化	1	1	1	0	1	0	0	1	0	1	1
参数名称	CG	CI	河网 CS	河网 L	河道 x	河道 1n	河道 2n	河道 3n	河道 4n	河道 5n	河道 6n
最小值	0.95	0.5	0	0	0.3	0	0	0	0	0	0
最大值	0.998	0.9	1	20	0.483	20	20	20	20	20	20
推荐值	0.998	0.9	0.5	1	0.392	3	2	1	1	1	1
是否优化	1	1	1	0	1	0	0	0	0	0	0

注　"是否优化"一栏中"0"表示"不优化","1"表示"优化";"参数名称"一栏中"河道 $1n$"～"河道 $6n$"、
　　分别表示 1～6 单元出口到预报断面的河道汇流分段数。K 为蒸散发能力折算系数;UM 为上层蓄水容量;LM
　　为下层蓄水容量;C 为深层蒸散发扩散系数;WM 为流域蓄水容量;B 为张力水蓄水容量曲线指数;IM 为不
　　透水面积比值;SM 为流域平均自由水蓄水容量;EX 为表层自由水蓄水容量曲线指数;KG 为表层自由水蓄
　　量对地下水的出流系数;KI 为表层自由水蓄量对壤中流的出流系数;CG 为消退系数;CI 为壤中流消退系数;
　　CS 为河网滞留演进系数;x 为马斯京根入流系数;n 为马斯京根汇流时段。

5. 预报精度

洪水预报系统精度评定按照《水文情报预报规范》(GB/T 22482—2008)要求执行,在实施时对该水库预报方案精度达到甲级。

根据《水文情报预报规范》(GB/T 22482—2008)要求和《浙江省水文情报预报规范(SL 250—2000)实施细则(试行)》的规定进行评定,洪水预报精度评定项目包括洪峰流量(水位)、洪量(径流量)、洪峰出现时间和洪水过程。

6. 预见期分析

牛头山水库站以上大田港流域面积 254.0km^2,所选取的 2008—2012 年洪峰流量大于 $100\text{m}^3/\text{s}$ 的 16 场洪水过程的平均预见期为 5h,由于流域面积小,预见期短,主雨期雨型影响不大。对于单峰的洪水过程,一般预见期在 5h 左右;对于多峰型的洪水过程,预见期一般在 4h 左右,个别洪水过程为 2h。

3.1.2.3　里石门水库预报方案

1. 预报对象

里石门水库控制断面洪峰流量、水位、洪峰出现时间、洪量、洪水过程。

2. 预报方法

根据基础地理资料的搜集整理,确定里石门水库上游集水范围,在了解里石门水库上游山区地理特性的基础上,根据其水文地理特征选用新安江模型对区域产流进行模拟计算。在预报模型选定的基础上,开发里石门水库模型软件,构建上游山区产流模型以及里石门水库模型,下游以工程控制模型调度至始丰溪一维河道模型中。模型构建完成后,上游山区预报降雨资料的输入,计算模型,得出上游洪水流量,洪水过程等信息,并根据上述计算结果编制预报方案,流程如图 3.6 所示。

(1)根据水文站网分布以及流域情况、主要水利工程特点进行子流域划分,同时根据

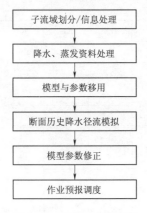

子流域划分/信息处理

降水、蒸发资料处理

模型与参数移用

断面历史降水径流模拟

模型参数修正

作业预报调度

图 3.6　里石门水库预报
方案编制流程

划分好的子流域计算每个计算单元的下垫面参数。

（2）根据各个计算单元、气象站（雨量站）的空间关系，计算每个计算单元雨量站降水权重、旬平均小时蒸发量。

（3）使用里石门水库预报站新安江流域水文模型参数进行产汇流模拟，得到历史降水的模拟径流过程。

（4）根据里石门水库的实测降水过程和经验，调整坡面汇流和河道汇流单位线，使其符合流域产流特征。

（5）根据历史雨量形成的洪水过程，推荐合适的模型参数和雨量预警标准，即形成洪水预警方案。

3. 方案构建

根据流域自然地理和暴雨洪水特性的分析，并考虑水利工程运行的影响，在编制流域控制断面水文预报方案时，遵循以下原则：

（1）预报方案预见期满足电站运行对水情预报要求，预报精度满足《水文情报预报规范》（GB/T 22482—2008）规定的发布要求。

（2）预报方案的研制符合流域水文特性，充分利用现有水文资料。

（3）水情预报充分考虑气象预报信息，以提高精度和延长预见期。

（4）预报模型的选用遵循实用、先进的原则。

里石门水库为大（2）型年调节水库，故将其单独划分为一大块，块中仅一个计算单元，里石门水库预报方案配置见表 3.8。

表 3.8　　　　　　　　里石门水库预报方案配置表

预报断面	单元编码	代表雨量站	单元面积/km²	总面积/km²	洪水预报方案
里石门水库	101	方前、西角、里石门	296.524	296.524	采用三水源新安江模型进行产流计算

预报断面来水由两部分组成，一部分是上游其他块区的出流、另一部分是本块区的降雨来流量。洪水预报方案以新安江降雨径流预报模型方案为主，上游来水采用马斯京根法将洪水过程演进至控制断面。

采用的降水资料和流量、水位资料为逐小时时段资料，因此，利用该资料制作的洪水预报输出结果时段为 1h。

里石门水库块区中的 1 个计算单元中有 3 个雨量站，利用泰森多边形法和人为赋值法相结合，赋予每个雨量站一定的权重；各个计算单元的雨量站及其权重见表 3.9。

表 3.9　　　　　　　　各 雨 量 站 计 算 权 重

名　　称	代表雨量站	权重	占整个流域的权重
里石门水库	方前	0.6	0.6
	里石门	0.3	0.3
	西角	0.1	0.1

4. 预报精度

里石门水库洪水预报方案建立后，对预报方案进行精度评定和检验。精度评定方法参照按照《水文情报预报规范》（GB/T 22482—2008）选用。方案的精度等级按合格率划分。精度评定采用参与洪水预报方案编制的全部资料。精度检验引用未参加洪水预报方案编制的资料。里石门水库洪水预报精度应达甲级。

3.1.2.4 朱溪水库预报方案

1. 预报对象

朱溪水库控制断面洪峰流量、水位、洪峰出现时间、洪量、洪水过程。

2. 预报方法

根据搜集整理的基础地理资料，确定朱溪水库上游集水范围，在了解朱溪水库上游山区地理特性的基础上，根据其水文地理特征选用新安江模型对区域产流进行模拟计算。在预报模型选定的基础上，开发朱溪水库模型软件，构建上游山区产流模型以及朱溪水库模型，下游以工程控制模型调度至一维河道模型以及长潭水库模型中。模型构建完成后，输入上游山区预报降雨资料，通过模型计算，得出上游洪水流量，洪水过程等信息，并根据上述计算结果定制预报方案。

朱溪水库预报方案的编制过程如图 3.7 所示，分为以下 5 部分：

（1）根据水文站网分布以及流域情况、主要水利工程特点进行子流域划分，同时根据划分好的子流域计算每个计算单元的下垫面参数。

（2）根据各个计算单元、气象站（雨量站）的空间关系，计算每个计算单元雨量站降水权重、旬平均小时蒸发量。

（3）使用朱溪水库预报站新安江流域水文模型参数进行产汇流模拟，得到历史降水的模拟径流过程。

（4）根据朱溪水库的实测降水过程和经验，调整坡面汇流和河道汇流单位线，使其符合流域产流特征。

（5）根据历史雨量形成的洪水过程，推荐合适的模型参数和雨量预警标准，即形成洪水预警方案。

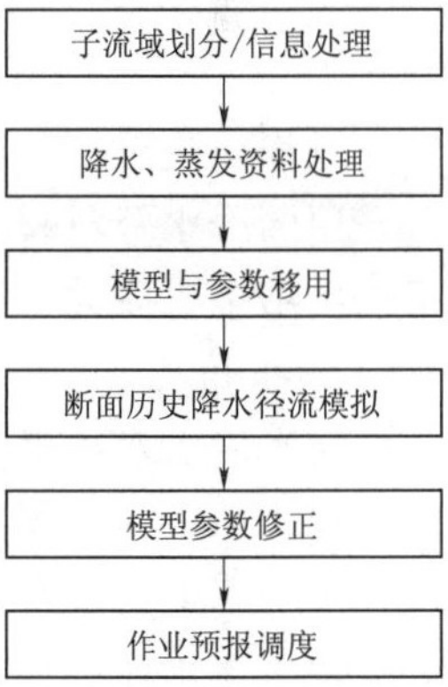

3. 方案构建

根据流域自然地理和暴雨洪水特性的分析，并考虑水利工程运行的影响，在编制流域控制断面水文预报方案时，遵循以下原则：

（1）预报方案预见期满足电站运行对水情预报要求，预报精度满足《水文情报预报规范》（GB/T 22482—2008）规定的发布要求。

（2）预报方案的研制符合流域水文特性，充分利用现有水文资料。

（3）水情预报充分考虑气象预报信息，以提高精度和延长预见期。

（4）预报模型的选用遵循实用、先进的原则。

朱溪水库单独划分为 6 大块，块中仅一个计算单元，如图 3.8 所示。

预报断面来水由两部分组成，一部分是上游其他块区的出流、另一部分是本块区的降雨来流量。洪水预报方案以新安江降雨径流预报模型方案为主，上游来水采用马斯京根法

```
子流域划分/信息处理
        ↓
降水、蒸发资料处理
        ↓
模型与参数移用
        ↓
断面历史降水径流模拟
        ↓
模型参数修正
        ↓
作业预报调度
```

图 3.7 朱溪水库预报方案编制流程

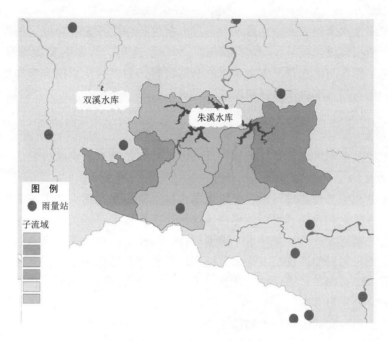

图 3.8　子流域划分示意图

将洪水过程演进至控制断面。

采用的降水资料和流量、水位资料为逐小时时段资料，因此，利用该资料制作的洪水预报输出结果时段为 1h。

4. 预报精度

朱溪水库洪水预报方案建立后，对预报方案进行精度评定和检验。精度评定方法参照按照《水文情报预报规范》（GB/T 22482—2008）选用。方案的精度等级按合格率划分。精度评定采用参与洪水预报方案编制的全部资料。精度检验引用未参加洪水预报方案编制的资料。朱溪水库洪水预报精度应达甲级。

3.1.2.5　下岸水库预报方案

1. 预报对象

下岸水库控制断面洪峰流量、水位、洪峰出现时间、洪量、洪水过程。

2. 预报方法

根据收集整理的基础地理资料，确定下岸水库上游集水范围，在了解下岸水库上游山区地理特性的基础上，根据其水文地理特征选用新安江模型对区域产流进行模拟计算。在预报模型选定的基础上，开发下岸水库模型软件，构建上游山区产流模型以及下岸水库模型，下游以工程控制模型调度至永安溪一维河道模型中。模型构建完成后，输入上游山区预报降雨资料，通过模型计算，得出上游洪水流量，洪水过程等信息，并根据上述计算结果定制预报方案。

下岸水库预报方案的编制过程如图 3.9 所示，分为以下 5 个部分：

（1）根据水文站网分布以及流域情况、主要水利工程特点进行子流域划分，同时根据划分好的子流域计算每个计算单元的下垫面参数。

（2）根据各个计算单元、气象站（雨量站）的空间关系，计算每个计算单元雨量站降水权重、旬平均小时蒸发量。

（3）使用下岸水库预报站新安江流域水文模型参数进行产汇流模拟，得到历史降水的模拟径流过程。

（4）根据下岸水库的实测降水过程和经验，调整坡面汇流和河道汇流单位线，使其符合流域产流特征。

（5）根据历史雨量形成的洪水过程，推荐合适的模型参数和雨量预警标准，即形成洪水预警方案。

3. 方案构建

根据流域自然地理和暴雨洪水特性的分析，并考虑水利工程运行的影响，在编制流域控制断面水文预报方案时，遵循以下原则：

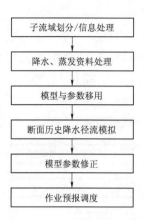

图 3.9 下岸水库预报方案编制流程

（1）预报方案预见期满足电站运行对水情预报要求，预报精度满足《水文情报预报规范》（GB/T 22482—2008）规定的发布要求。

（2）预报方案的研制符合流域水文特性，充分利用现有水文资料。

（3）水情预报充分考虑气象预报信息，以提高精度和延长预见期。

（4）预报模型的选用遵循实用、先进的原则。

下岸水库单独划分为两大块，块中仅一个计算单元，如图 3.10 所示。

预报断面来水由两部分组成，一部分是上游其他块区的出流、一部分是本块区的降雨来流量。洪水预报方案以新安江降雨径流预报模型方案为主，上游来水采用马斯京根法将洪水过程演进至控制断面。

采用的降水资料和流量、水位资料为逐小时时段资料，因此，利用该资料制作的洪水预报输出结果时段为 1h。

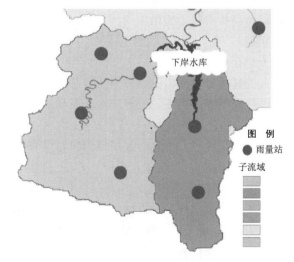

图例

● 雨量站

子流域

图 3.10 子流域划分示意图

4. 预报精度

下岸水库洪水预报方案建立后，对预报方案进行精度评定和检验。精度评定方法参照按照《水文情报预报规范》（GB/T 22482—2008）选用。方案的精度等级按合格率划分。精度评定采用参与洪水预报方案编制的全部资料。精度检验引用未参加洪水预报方案编制的资料。下岸水库洪水预报精度应达甲级。

3.1.2.6 盂溪水库预报方案

1. 预报对象

盂溪水库控制断面洪峰流量、水位、洪峰出现时间、洪量、洪水过程。

2. 预报方法

根据搜集整理的基础地理资料，确定盂溪水库上游集水范围，在了解盂溪水库上游山区地理特性的基础上，根据其水文地理特征选用新安江模型对区域产流进行模拟计算。在预报模型选定的基础上，开发盂溪水库模型软件，构建上游山区产流模型以及盂溪水库模型，下游以工程控制模型调度至盂溪一维河道模型中。模型构建完成后，输入上游山区预报降雨资料，通过模型计算，得出上游洪水流量，洪水过程等信息，并根据上述计算结果定制预报方案。

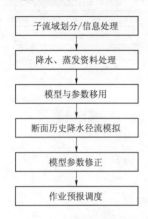

图 3.11　盂溪水库预报
方案编制流程

盂溪水库预报方案的编制过程如图 3.11 所示，分为以下 5 个部分：

（1）根据水文站网分布以及流域情况、主要水利工程特点进行子流域划分，同时根据划分好的子流域计算每个计算单元的下垫面参数。

（2）根据各个计算单元、气象站（雨量站）的空间关系，计算每个计算单元雨量站降水权重、旬平均小时蒸发量。

（3）使用盂溪水库预报站新安江流域水文模型参数进行产汇流模拟，得到历史降水的模拟径流过程。

（4）根据盂溪水库的实测降水过程和经验，调整坡面汇流和河道汇流单位线，使其符合流域产流特征。

（5）根据历史雨量形成的洪水过程，推荐合适的模型参数和雨量预警标准，即形成洪水预警方案。

3. 方案构建

根据流域自然地理和暴雨洪水特性的分析，并考虑水利工程运行的影响，在编制流域控制断面水文预报方案时，遵循以下原则：

（1）预报方案预见期满足电站运行对水情预报要求，预报精度满足《水文情报预报规范》（GB/T 22482—2008）规定的发布要求。

（2）预报方案的研制符合流域水文特性，充分利用现有水文资料。

（3）水情预报充分考虑气象预报信息，以提高精度和延长预见期。

（4）预报模型的选用遵循实用、先进的原则。

盂溪水库单独划分为一大块，块中仅一个计算单元。

预报断面来水由两部分组成，一部分是上游其他块区的出流、另一部分是本块区的降雨来流量。洪水预报方案以新安江降雨径流预报模型方案为主，上游来水采用马斯京根法将洪水过程演进至控制断面。

采用的降水资料和流量、水位资料为逐小时时段资料，因此，利用该资料制作的洪水预报输出结果时段为 1h。

4. 预报精度

盂溪水库洪水预报方案建立后，对预报方案进行精度评定和检验。精度评定方法参照按照《水文情报预报规范》（GB/T 22482—2008）选用。方案的精度等级按合格率划分。精度评定采用参与洪水预报方案编制的全部资料。精度检验引用未参加洪水预报方案编制的资料。盂溪水库洪水预报精度应达甲级。

3.1.2.7 龙溪水库预报方案

1. 预报对象

龙溪水库控制断面洪峰流量、水位、洪峰出现时间、洪量、洪水过程。

2. 预报方法

根据搜集整理的基础地理资料，确定龙溪水库上游集水范围，在了解龙溪水库上游山区地理特性的基础上，根据其水文地理特征选用新安江模型对区域产流进行模拟计算。在预报模型选定的基础上，开发龙溪水库模型软件，构建上游山区产流模型以及龙溪水库模型，下游以工程控制模型调度至黄水溪一维河道模型中。模型构建完成后，输入上游山区预报降雨资料，通过模型计算，得出上游洪水流量，洪水过程等信息，并根据上述计算结果定制预报方案。

龙溪水库预报方案的编制过程如图 3.12 所示，分为以下 5 个部分：

（1）根据水文站网分布以及流域情况、主要水利工程特点进行子流域划分，同时根据划分好的子流域计算每个计算单元的下垫面参数。

（2）根据各个计算单元、气象站（雨量站）的空间关系，计算每个计算单元雨量站降水权重、旬平均小时蒸发量。

（3）使用龙溪水库预报站新安江流域水文模型参数进行产汇流模拟，得到历史降水的模拟径流过程。

（4）根据龙溪水库的实测降水过程和经验，调整坡面汇流和河道汇流单位线，使其符合流域产流特征。

（5）根据历史雨量形成的洪水过程，推荐合适的模型参数和雨量预警标准，即形成洪水预警方案。

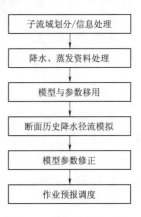

子流域划分/信息处理

↓

降水、蒸发资料处理

↓

模型与参数移用

↓

断面历史降水径流模拟

↓

模型参数修正

↓

作业预报调度

图 3.12 龙溪水库预报
方案编制流程

3. 方案构建

根据流域自然地理和暴雨洪水特性的分析，并考虑水利工程运行的影响，在编制流域控制断面水文预报方案时，遵循以下原则：

（1）预报方案预见期满足电站运行对水情预报要求，预报精度满足《水文情报预报规范》（GB/T 22482—2008）规定的发布要求。

（2）预报方案的研制符合流域水文特性，充分利用现有水文资料。

（3）水情预报充分考虑气象预报信息，以提高精度和延长预见期。

（4）预报模型的选用遵循实用、先进的原则。

龙溪水库单独划分为两大块，块中仅一个计算单元，如图 3.13 所示。

预报断面来水由两部分组成，一部分是上游其他块区的出流、一部分是本块区的降雨来流量。洪水预报方案以新安江降雨径流预报模型方案为主，上游来水采用马斯京根法将洪水过程演进至控制断面。

采用的降水资料和流量、水位资料为逐小时时段资料，因此，利用该资料制作的洪水预报输出结果时段为 1h。

利用泰森多边形法和人为赋值法相结合，赋予每个雨量站一定的权重。

4. 预报精度

龙溪水库洪水预报方案建立后，对预报方案进行精度评定和检验。精度评定方法参照按

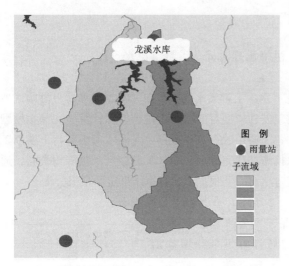

图 3.13　龙溪水库子流域划分示意图

照《水文情报预报规范》（GB/T 22482—2008）选用。方案的精度等级按合格率划分。精度评定采用参与洪水预报方案编制的全部资料。精度检验引用未参加洪水预报方案编制的资料。龙溪水库洪水预报精度应达甲级。

3.1.2.8　桐柏水库预报方案

1. 预报对象

桐柏水库控制断面洪峰流量、水位、洪峰出现时间、洪量、洪水过程。

2. 预报方法

根据搜集整理的基础地理资料，确定桐柏水库上游集水范围，在了解桐柏水库上游山区地理特性的基础上，根据其水文地理特征选用新安江模型对区域产流进行模拟计算。在预报模型选定的基础上，开发桐柏水库模型软件，构建上游山区产流模型以及桐柏水库模型，下游以工程控制模型调度至三茅溪一维河道模型中。模型构建完成后，输入上游山区预报降雨资料，通过模型计算，得出上游洪水流量，洪水过程等信息，并根据上述计算结果定制预报方案。

桐柏水库预报方案的编制过程如图 3.14 所示，分为以下 5 个部分：

（1）根据水文站网分布以及流域情况、主要水利工程特点进行子流域划分，同时根据划分好的子流域计算每个计算单元的下垫面参数。

（2）根据各个计算单元、气象站（雨量站）的空间关系，计算每个计算单元雨量站降水权重、旬平均小时蒸发量。

（3）使用桐柏水库预报站新安江流域水文模型参数进行产汇流模拟，得到历史降水的模拟径流过程。

（4）根据桐柏水库的实测降水过程和经验，调整坡面汇流和河道汇流单位线，使其符合流域产流特征。

（5）根据历史雨量形成的洪水过程，推荐合适的模型参数和雨量预警标准，即形成洪水预警方案。

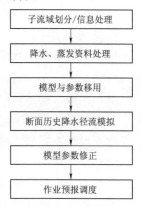

图 3.14　桐柏水库预报方案编制流程

3. 方案构建

根据流域自然地理和暴雨洪水特性的分析，并考虑水利工程运行的影响，在编制流域控制断面水文预报方案时，遵循以下原则：

（1）预报方案预见期满足电站运行对水情预报要求，预报精度满足《水文情报预报规范》（GB/T 22482—2008）规定的发布要求。

（2）预报方案的研制符合流域水文特性，充分利用现有水文资料。

（3）水情预报充分考虑气象预报信息，以提高精度和延长预见期。

（4）预报模型的选用遵循实用、先进的原则。

桐柏水库单独划分为一大块，块中仅一个计算单元。

预报断面来水由两部分组成，一部分是上游其他块区的出流、另一部分是本块区的降雨来流量。洪水预报方案以新安江降雨径流预报模型方案为主，上游来水采用马斯京根法将洪水过程演进至控制断面。

采用的降水资料和流量、水位资料为逐小时时段资料，因此，利用该资料制作的洪水预报输出结果时段为1h。

4. 预报精度

桐柏水库洪水预报方案建立后，对预报方案进行精度评定和检验。精度评定方法参照按照《水文情报预报规范》（GB/T 22482—2008）选用。方案的精度等级按合格率划分。精度评定采用参与洪水预报方案编制的全部资料。精度检验引用未参加洪水预报方案编制的资料。桐柏水库洪水预报精度应达甲级。

3.1.2.9 溪口水库预报方案

1. 预报对象

溪口水库控制断面洪峰流量、水位、洪峰出现时间、洪量、洪水过程。

2. 预报方法

根据搜集整理的基础地理资料，确定溪口水库上游集水范围，在了解溪口水库上游山区地理特性的基础上，根据其水文地理特征选用新安江模型对区域产流进行模拟计算。在预报模型选定的基础上，开发溪口水库模型软件，构建上游山区产流模型以及溪口水库模型，下游以工程控制模型调度至龙溪一维河道模型中。模型构建完成后，输入上游山区预报降雨资料，通过模型计算，得出上游洪水流量，洪水过程等信息，并根据上述计算结果定制预报方案。

溪口水库预报方案的编制过程如图 3.15 所示，分为以下 5 个部分：

（1）根据水文站网分布以及流域情况、主要水利工程特点进行子流域划分，同时根据划分好的子流域计算每个计算单元的下垫面参数。

（2）根据各个计算单元、气象站（雨量站）的空间关系，计算每个计算单元雨量站降水权重、旬平均小时蒸发量。

（3）使用溪口水库预报站新安江流域水文模型参数进行产汇流模拟，得到历史降水的模拟径流过程。

（4）根据溪口水库的实测降水过程和经验，调整坡面汇流和河道汇流单位线，使其符合流域产流特征。

（5）根据历史雨量形成的洪水过程，推荐合适的模型参数和雨量预警标准，即形成洪水预警方案。

3. 方案构建

根据流域自然地理和暴雨洪水特性的分析，并考虑水利工程运行的影响，在编制流域控制断面水文预报方案时，遵循以下原则：

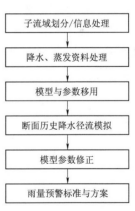

图 3.15 溪口水库预报方案编制流程

（1）预报方案预见期满足电站运行对水情预报要求，预报精度满足《水文情报预报规范》（GB/T 22482—2008）规定的发布要求。

（2）预报方案的研制符合流域水文特性，充分利用现有水文资料。

（3）水情预报充分考虑气象预报信息，以提高精度和延长预见期。

（4）预报模型的选用遵循实用、先进的原则。

溪口水库单独划分为一大块，块中仅一个计算单元。

预报断面来水由两部分组成，一部分是上游其他块区的出流、另一部分是本块区的降雨来流量。洪水预报方案以新安江降雨径流预报模型方案为主，上游来水采用马斯京根法将洪水过程演进至控制断面。

采用的降水资料和流量、水位资料为逐小时时段资料，因此，利用该资料制作的洪水预报输出结果时段为 1h。

4. 预报精度

溪口水库洪水预报方案建立后，对预报方案进行精度评定和检验。精度评定方法参照按照《水文情报预报规范》（GB/T 22482—2008）选用。方案的精度等级按合格率划分。精度评定采用参与洪水预报方案编制的全部资料。精度检验引用未参加洪水预报方案编制的资料。溪口水库洪水预报精度应达甲级。

3.1.2.10　童燎水库预报方案

1. 预报对象

童燎水库控制断面洪峰流量、水位、洪峰出现时间、洪量、洪水过程。

2. 预报方法

根据搜集整理的基础地理资料，确定童燎水库上游集水范围，在了解童燎水库上游山区地理特性的基础上，根据其水文地理特征选用新安江模型对区域产流进行模拟计算。在预报模型选定的基础上，开发童燎水库模型软件，构建上游山区产流模型以及童燎水库模型，下游以工程控制模型调度至东部平原河网模型中。模型构建完成后，输入上游山区预报降雨资料，通过模型计算，得出上游洪水流量，洪水过程等信息，并根据上述计算结果定制预报方案。

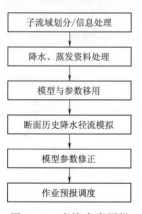

图 3.16　童燎水库预报
方案编制流程

童燎水库预报方案的编制过程如图 3.16 所示，分为以下 5 个部分：

（1）根据水文站网分布以及流域情况、主要水利工程特点进行子流域划分，同时根据划分好的子流域计算每个计算单元的下垫面参数。

（2）根据各个计算单元、气象站（雨量站）的空间关系，计算每个计算单元雨量站降水权重、旬平均小时蒸发量。

（3）使用童燎水库预报站新安江流域水文模型参数进行产汇流模拟，得到历史降水的模拟径流过程。

（4）根据童燎水库的实测降水过程和经验，调整坡面汇流和河道汇流单位线，使其符合流域产流特征。

（5）根据历史雨量形成的洪水过程，推荐合适的模型参数和雨量预警标准，即形成洪水预警方案。

3. 方案构建

根据流域自然地理和暴雨洪水特性的分析，并考虑水利工程运行的影响，在编制流域控制断面水文预报方案时，遵循以下原则：

（1）预报方案预见期满足电站运行对水情预报要求，预报精度满足《水文情报预报规范》（GB/T 22482—2008）规定的发布要求。

（2）预报方案的研制符合流域水文特性，充分利用现有水文资料。

（3）水情预报充分考虑气象预报信息，以提高精度和延长预见期。

（4）预报模型的选用遵循实用、先进的原则。

童寮水库站以上洞港流域面积 17.8km²，以童燎水库站为预报断面，流域内仅有童燎站一个预报根据雨量站，将流域划分为一个计算单元，配置见表 3.10。

表 3.10   流域内童燎预报断面预报方案配置表

预报断面	单元编码	代表雨量站	单元面积 /km²	总面积 /km²	洪水预报方案
童燎	7090600101	童燎	17.8	17.8	单元采用三水源新安江模型进行产汇流计算，得到出口断面流量

预报断面来水由两部分组成，一部分是上游其他块区的出流、另一部分是本块区的降雨来流量。洪水预报方案以新安江降雨径流预报模型方案为主，上游来水采用马斯京根法将洪水过程演进至控制断面。

采用的降水资料和流量、水位资料为逐小时时段资料，因此，利用该资料制作的洪水预报输出结果时段为 1h。

4. 预报精度

童燎水库洪水预报方案建立后，对预报方案进行精度评定和检验。精度评定方法参照按照《水文情报预报规范》（GB/T 22482—2008）选用。方案的精度等级按合格率划分。精度评定采用参与洪水预报方案编制的全部资料。精度检验引用未参加洪水预报方案编制的资料。童燎水库洪水预报精度应达甲级。

5. 预见期

根据流域特性，参考白溪断面方案，估算童寮水库断面流域洪水的平均预见期。白溪水文站以上白溪流域平均预见期为 3h 左右，本流域河道平均坡度较小，童寮水库站以上流域面积比参照流域小很多，仅 17.8km²，故大概推算童寮水库断面洪水预见期一般不足 1h。

3.1.2.11 方溪水库预报方案

1. 预报对象

方溪水库控制断面洪峰流量、水位、洪峰出现时间、洪量、洪水过程。

2. 预报方法

根据搜集整理的基础地理资料，确定方溪水库上游集水范围，在了解方溪水库上游山区地理特性的基础上，根据其水文地理特征选用新安江模型对区域产流进行模拟计算。在预报模型选定的基础上，开发方溪水库模型软件，构建上游山区产流模型以及方溪水库模型，下游以工程控制模型调度至方溪一维河道模型中。模型构建完成后，输入上游山区预报降雨资料，通过模型计算，得出上游洪水流量，洪水过程等信息，并根据上述计算结果定制预报方案。

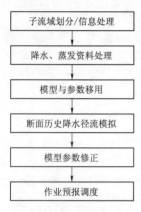

图 3.17　方溪水库预报
方案编制流程

方溪水库预报方案的编制过程如图 3.17 所示，分为以下 5 个部分：

（1）根据水文站网分布以及流域情况、主要水利工程特点进行子流域划分，同时根据划分好的子流域计算每个计算单元的下垫面参数。

（2）根据各个计算单元、气象站（雨量站）的空间关系，计算每个计算单元雨量站降水权重、旬平均小时蒸发量。

（3）使用方溪水库预报站新安江流域水文模型参数进行产汇流模拟，得到历史降水的模拟径流过程。

（4）根据方溪水库的实测降水过程和经验，调整坡面汇流和河道汇流单位线，使其符合流域产流特征。

（5）根据历史雨量形成的洪水过程，推荐合适的模型参数和雨量预警标准，即形成洪水预警方案。

3. 方案构建

根据流域自然地理和暴雨洪水特性的分析，并考虑水利工程运行的影响，在编制流域控制断面水文预报方案时，遵循以下原则：

（1）预报方案预见期满足电站运行对水情预报要求，预报精度满足《水文情报预报规范》（GB/T 22482—2008）规定的发布要求。

（2）预报方案的研制符合流域水文特性，充分利用现有水文资料。

（3）水情预报充分考虑气象预报信息，以提高精度和延长预见期。

（4）预报模型的选用遵循实用、先进的原则。

方溪水库单独划分为三大块，块中仅一个计算单元。预报断面来水由两部分组成，一部分是上游其他块区的出流、一部分是本块区的降雨来流量。洪水预报方案以新安江降雨径流预报模型方案为主，上游来水采用马斯京根法将洪水过程演进至控制断面。

采用的降水资料和流量、水位资料为逐小时时段资料，因此，利用该资料制作的洪水预报输出结果时段为 1h。

4. 预报精度

方溪水库洪水预报方案建立后，对预报方案进行精度评定和检验。精度评定方法参照按照《水文情报预报规范》（GB/T 22482—2008）选用。方案的精度等级按合格率划分。精度评定采用参与洪水预报方案编制的全部资料。精度检验引用未参加洪水预报方案编制的资料。方溪水库洪水预报精度应达甲级。

3.1.2.12　北岙水库预报方案

1. 预报对象

北岙水库控制断面洪峰流量、水位、洪峰出现时间、洪量、洪水过程。

2. 预报方法

根据搜集整理的基础地理资料，确定北岙水库上游集水范围，在了解北岙水库上游山区地理特性的基础上，根据其水文地理特征选用新安江模型对区域产流进行模拟计算。在预报模型选定的基础上，开发北岙水库模型软件，构建上游山区产流模型以及北岙水库模型，下游以工程控制模型调度至北岙坑一维河道模型中。模型构建完成后，输入上游山区预报降雨资料，通过模型计算，得出上游洪水流量，洪水过程等信息，并根据上述计算结果定制预报方案。

北岙水库预报方案的编制过程如图 3.18 所示，分为以下 5 个部分：

(1) 根据水文站网分布以及流域情况、主要水利工程特点进行子流域划分，同时根据划分好的子流域计算每个计算单元的下垫面参数。

(2) 根据各个计算单元、气象站（雨量站）的空间关系，计算每个计算单元雨量站降水权重、旬平均小时蒸发量。

(3) 使用北岙水库预报站新安江流域水文模型参数进行产汇流模拟，得到历史降水的模拟径流过程。

(4) 根据北岙水库的实测降水过程和经验，调整坡面汇流和河道汇流单位线，使其符合流域产流特征。

(5) 根据历史雨量形成的洪水过程，推荐合适的模型参数和雨量预警标准，即形成洪水预警方案。

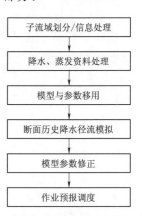

图 3.18　北岙水库预报
方案编制流程

3. 方案构建

根据流域自然地理和暴雨洪水特性的分析，并考虑水利工程运行的影响，在编制流域控制断面水文预报方案时，遵循以下原则：

(1) 预报方案预见期满足电站运行对水情预报要求，预报精度满足《水文情报预报规范》（GB/T 22482—2008）规定的发布要求。

(2) 预报方案的研制符合流域水文特性，充分利用现有水文资料。

(3) 水情预报充分考虑气象预报信息，以提高精度和延长预见期。

(4) 预报模型的选用遵循实用、先进的原则。

北岙水库单独划分为一大块，块中仅一个计算单元。

预报断面来水由两部分组成，一部分是上游其他块区的出流、另一部分是本块区的降雨来流量。洪水预报方案以新安江降雨径流预报模型方案为主，上游来水采用马斯京根法将洪水过程演进至控制断面。

采用的降水资料和流量、水位资料为逐小时时段资料，因此，利用该资料制作的洪水预报输出结果时段为 1h。

利用泰森多边形法和人为赋值法相结合，赋予每个雨量站一定的权重。

4. 预报精度

北岙水库洪水预报方案建立后，对预报方案进行精度评定和检验。精度评定方法参照按照《水文情报预报规范》（GB/T 22482—2008）选用。方案的精度等级按合格率划分。精度评定采用参与洪水预报方案编制的全部资料。精度检验引用未参加洪水预报方案编制的资料。北岙水库洪水预报精度应达甲级。

3.1.2.13 双溪水库预报方案

1. 预报对象

双溪水库控制断面洪峰流量、水位、洪峰出现时间、洪量、洪水过程。

2. 预报方法

根据搜集整理的基础地理资料，确定双溪水库上游集水范围，在了解双溪水库上游山区地理特性的基础上，根据其水文地理特征选用新安江模型对区域产流进行模拟计算。在预报模型选定的基础上，开发双溪水库模型软件，构建上游山区产流模型以及双溪水库模型，下游以工程控制模型调度至二十都坑一维河道模型中。模型构建完成后，输入上游山区预报降雨资料，通过模型计算，得出上游洪水流量，洪水过程等信息，并根据上述计算结果定制预报方案。

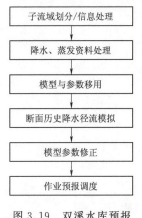

图 3.19 双溪水库预报方案编制流程

双溪水库预报方案的编制过程如图 3.19 所示，分为以下 5 个部分：

（1）根据水文站网分布以及流域情况、主要水利工程特点进行子流域划分，同时根据划分好的子流域计算每个计算单元的下垫面参数。

（2）根据各个计算单元、气象站（雨量站）的空间关系，计算每个计算单元雨量站降水权重、旬平均小时蒸发量。

（3）使用双溪水库预报站新安江流域水文模型参数进行产汇流模拟，得到历史降水的模拟径流过程。

（4）根据双溪水库的实测降水过程和经验，调整坡面汇流和河道汇流单位线，使其符合流域产流特征。

（5）根据历史雨量形成的洪水过程，推荐合适的模型参数和雨量预警标准，即形成洪水预警方案。

3. 方案构建

根据流域自然地理和暴雨洪水特性的分析，并考虑水利工程运行的影响，在编制流域控制断面水文预报方案时，遵循以下原则：

（1）预报方案预见期满足电站运行对水情预报要求，预报精度满足《水文情报预报规范》（GB/T 22482—2008）规定的发布要求。

（2）预报方案的研制符合流域水文特性，充分利用现有水文资料。

（3）水情预报充分考虑气象预报信息，以提高精度和延长预见期。

（4）预报模型的选用遵循实用、先进的原则。

双溪水库单独划分为两大块，块中仅一个计算单元。预报断面来水由两部分组成，一部分是上游其他块区的出流、另一部分是本块区的降雨来流量。洪水预报方案以新安江降雨径流预报模型方案为主，上游来水采用马斯京根法将洪水过程演进至控制断面。

采用的降水资料和流量、水位资料为逐小时时段资料，因此，利用该资料制作的洪水预报输出结果时段为 1h。利用泰森多边形法和人为赋值法相结合，赋予每个雨量站一定的权重。

4. 预报精度

双溪水库洪水预报方案建立后，对预报方案进行精度评定和检验。精度评定方法参照按照《水文情报预报规范》（GB/T 22482—2008）选用。方案的精度等级按合格率划分。精度评定采用参与洪水预报方案编制的全部资料。精度检验引用未参加洪水预报方案编制的资料。双溪水库洪水预报精度应达甲级。

3.1.2.14 里林水库预报方案

1. 预报对象

里林水库控制断面洪峰流量、水位、洪峰出现时间、洪量、洪水过程。

2. 预报方法

根据搜集整理的基础地理资料，确定里林水库上游集水范围，在了解里林水库上游山区地理特性的基础上，根据其水文地理特征选用新安江模型对区域产流进行模拟计算。在预报模型选定的基础上，开发里林水库模型软件，构建上游山区产流模型以及里林水库模型，下游以工程控制模型调度至九都坑港一维河道模型中。模型构建完成后，输入上游山区预报降雨资料，通过模型计算，得出上游洪水流量，洪水过程等信息，并根据上述计算结果定制预报方案。

里林水库预报方案的编制过程如图 3.20 所示，分为以下 5 个部分：

（1）根据水文站网分布以及流域情况、主要水利工程特点进行子流域划分，同时根据划分好的子流域计算每个计算单元的下垫面参数。

（2）根据各个计算单元、气象站（雨量站）的空间关系，计算每个计算单元雨量站降水权重、旬平均小时蒸发量。

（3）使用里林水库预报站新安江流域水文模型参数进行产汇流模拟，得到历史降水的模拟径流过程。

（4）根据里林水库的实测降水过程和经验，调整坡面汇流和河道汇流单位线，使其符合流域产流特征。

（5）根据历史雨量形成的洪水过程，推荐合适的模型参数和雨量预警标准，即形成洪水预警方案。

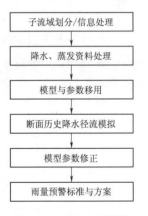

图 3.20　里林水库预报方案编制流程

3. 方案构建

根据流域自然地理和暴雨洪水特性的分析，并考虑水利工程运行的影响，在编制流域控制断面水文预报方案时，遵循以下原则：

（1）预报方案预见期满足电站运行对水情预报要求，预报精度满足《水文情报预报规范》（GB/T 22482—2008）规定的发布要求。

（2）预报方案的研制符合流域水文特性，充分利用现有水文资料。

（3）水情预报充分考虑气象预报信息，以提高精度和延长预见期。

（4）预报模型的选用遵循实用、先进的原则。

里林水库单独划分为一大块，块中仅一个计算单元。预报断面来水由两部分组成，一部分是上游其他块区的出流、另一部分是本块区的降雨来流量。洪水预报方案以新安江降雨径流预报模型方案为主，上游来水采用马斯京根法将洪水过程演进至控制断面。

采用的降水资料和流量、水位资料为逐小时时段资料，因此，利用该资料制作的洪水预报输出结果时段为 1h。

4. 预报精度

里林水库洪水预报方案建立后，对预报方案进行精度评定和检验。精度评定方法参照按照《水文情报预报规范》(GB/T 22482—2008) 选用。方案的精度等级按合格率划分。精度评定采用参与洪水预报方案编制的全部资料。精度检验引用未参加洪水预报方案编制的资料。里林水库洪水预报精度应达甲级。

3.1.3　干支流洪水预报方案

该技术方案以椒 (灵) 江干流为例构建干支流洪水预报模型。椒 (灵) 干流洪水预报方案如下：①以实时降水量作为输入，并考虑天气短临降水预报数值；②以上游永安溪、始丰溪流域的出流作为干流的入流边界；③通过构建山区水文模型计算区间产流；④河道一维、二维水动力模型计算洪水演进包括漫流、区域淹水等；⑤接入椒 (灵) 江口潮位 (增水) 预报数据作为出流边界；⑥以临海西门、两水、永宁江闸下等实测水位站点为校正站点；进行模型计算预报，并对模型输出项进行设置，提供沿程水位 (潮位) 过程及特征值、指定断面流量过程及洪峰峰值和出现时间等。

3.1.3.1　干支流洪水预报模型建立与率定

1. 基础资料收集和分析

本次预报方案编制暂不考虑利用资料系列较短的站点。通过对流域地形、降雨规律及实测资料的分析，确定各雨量站权重。根据各个计算单元、气象站的空间关系，计算每个计算单元平均小时蒸发量。通过获取水文站水位、流量资料可作为水文、水动力学模型率定的主要参考。

2. 模型建立

(1) 水文模型构建。椒 (灵) 江流域干流洪水预报方案的水文模型采用三水源新安江模型，子流域的划分可采用高精度 DEM 基于 D8 算法自动划分，其基本原理是：假设单个栅格中的水流只能流入与之相邻的八个栅格中。它用最陡坡度法来确定水流的方向，即在 3km×3km 的 DEM 栅格上，计算中心栅格与各相邻栅格间的距离权落差 (即栅格中心点落差除以栅格中心点之间的距离)，取距离权落差最大的栅格为中心栅格的流出栅格。

(2) 水动力模型构建。椒 (灵) 江流域干流洪水预报模型中水动力模型的构建主要包括椒 (灵) 江流域干流一维河道水动力模型以及区间易涝区二维模型。椒 (灵) 江流域干流一维河道水动力模型模拟干流河道洪水演进过程，易涝区二维模型构建模拟降雨后区域淹没情况。

(3) 水文-水动力模型耦合。水文-水动力模型的耦合主要是区间产汇流模型与椒 (灵) 江流域干流一维河道模型进行耦合、一维河道之间的耦合，一维与二维模型之间的耦合等。其中区间产汇流模型与椒 (灵) 江流域干流模型中通过流域出口点设置的方式进行将水文模型的产流接入到一维河道的指定断面当中。一维河道之间的耦合采用节点概化的方式来实现，一维与二维模型之间的耦合采用构建虚拟堰水流联通模型的方式进行耦合处理。

3. 模型率定验证

对于椒（灵）江流域干流的洪水预报，模型参数总体上分两类：一类是水文学模型参数；另一类是水力学模型参数。

（1）水文模型参数。椒（灵）江流域干两岸区间水文模型参数的取值，主要是参考附近有流量资料的区域的参数，其中牛头山水库集雨范围，可根据水库历史资料反推入库径流；进而将该水库的水文模型参数移用到干流左岸的水文模型区域；对于干流右岸，可采用长潭水库入库反推流量资料来率定水文模型，进而将其模型参数移用到右岸部分山丘区。

（2）水动力模型参数。平原河网一维、二维水动力模型参数主要是糙率。河道水利工程过水模拟模型率定主要闸、泵站等的过水参数。糙率初始值参考《水力学》（第3版）（赵振兴，何建京，王竹著，清华大学出版社出版）推荐糙率值，县区主干河道糙率取值为0.025，局部支流河道糙率取值为0.03，拟定初值后，即可根据选定的多场次洪水来率定。

参数率定选择有代表性的丰水年、平水年及枯水年的区域水情，采用多场地区实测资料对率定后的模型进行检验，使模型在地区具有适用性和有效性。

（3）场次洪水率定。对椒（灵）江流域干支流水文水动力耦合模型，将严格按照规范要求，选择规定数量（50场次）的洪水场次对模型进行率定、验证。

3.1.3.2 椒（灵）江干流洪水预报方案

椒（灵）江干流水文模型采用三水源新安江模型，子流域的划分可采用高精度DEM基于D8算法自动划分，计算的区域主要包括椒（灵）江干流两岸的山丘区，其中大田平原、义城港平原、东部平原可通过其区域模型耦合，牛头山水库流域、长潭水库流域是通过其水文预报模型经调度计算后将下泄流量耦合进入水动力模型，其余区间可直接通过水文模型计算汇入干流。

椒（灵）江干流洪水预报模型中水动力模型的构建主要包括椒（灵）江干流一维河道水动力模型以及区间易涝区二维模型。椒（灵）江干流一维河道水动力模型模拟干流河道洪水演进过程，易涝区二维模型构建模拟降雨后区域淹没情况，概化图如图3.21所示。

椒（灵）江干流洪水预报模型是一个全流域耦合模型，其上游永安溪、始丰溪产流结果通过洪水演算进入椒江干流一维河道模型，在实时运行时支流入流应设置实时校正，此外在预报之前模型实时运行阶段对重点关注的站点（三江、西门、两水、五孔岙、钓鱼亭、桩头）应实时校正进而提高预报精度。

模型预报断面配置是在模型中配置相应站点的图形及成果输出，并将重点关注站点（三江、西门、两水、五孔岙、钓鱼亭、桩头）设置为预报分析点，在对该处断面进行预报后，模型即可生成预报断面的预报成果分析，包括预报期水位、流量变化过程、峰值、峰现时间、洪量等等自动统计分析。

3.1.3.3 永安溪洪水预报方案

永安溪洪水预报方案的思路是：依托现有历史水文、水利工程等资料，采用流域1982—2012年4—10月场次洪水、逐小时降水资料、逐日蒸发资料，编制柏枝岙水文站预报断面水文预报方案。

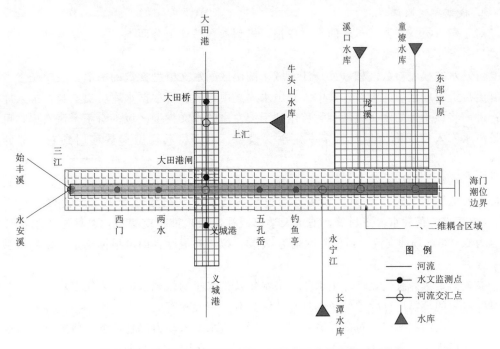

图 3.21　椒（灵）江干流一维、二维水动力耦合模型概化图

1. 洪水预报断面

柏枝岙水文站控制面积为 2475km²，以柏枝岙水文站为控制断面，根据流域特性、流域水系、测站分布等，并考虑降雨分布的不均匀性影响及上下不同单元块洪水传播的影响，将每个雨量站根据泰森多边形划分成单独的计算单元，然后根据流域水系、地形状况进行人工修改，共划分为 15 个计算单元，其中下岸水库以上面积单独划分为一块，该块单设控制站，块中仅划分一个计算单元。

预报断面来水一般由两部分组成，一部分是上游其他块区的出流、一部分是本块区的降雨来流量。柏枝岙块区以上为下岸水库块，由于下岸水库为多年调节水库，大部分年份水库下泄流量很少，故暂时将其入流量设为 0，不考虑该块区的入流量。洪水预报方案以新安江降雨径流模型方案为主，上游单元出口来水采用马斯京根河道汇流曲线将洪水过程演算至控制断面。

构建永安溪流域山区水文模型、流域内水库预报调度模型以及永安溪及支流水动力模型并进行耦合，将数值天气预报数据接入永安溪流域水文模型，对流域产流进行预报，经马斯京根法计算汇流至水库或河道，通过水库泄流模型模拟以及河道水动力模型模拟，预报计算永安溪仙居站以及其支流各站点水位、流量过程及洪峰峰值、峰现时间等，下游耦合椒（灵）江干流一维河道模型。

构建永安溪洪水预报模型需要搜集流域地理地形数据、永安溪流域水文观测数据、工情观测数据、降雨预报数据、江道潮位（水位）预报数据等。在以上资料地理基础上构建山区水文、水库调度、河道水动力耦合模型，根据历史监测数据对模型进行率定验证，接入实时数据，实现模型实时运算，并根据预报数据对洪水进行预报，同时可以设置自动预报，基于椒（灵）江流域预报调度管理规则自动进行滚动预报，或跟踪发现有新的降雨预报，或人工启动预报调度作业，模型构架如图 3.22 所示。

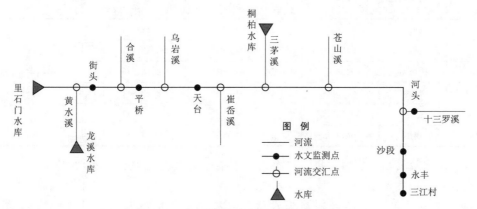

图 3.22　永安溪洪水预报模型架构建图

2. 洪水预报时段

采用的降水资料和流量、水位资料为逐小时时段资料，利用该资料制作的洪水预报输出结果的时段长为 1h。

3. 预报单元雨量权重

根据已划分的块和单元，采用泰森多边形法计算子流域面雨量。在预报时，对于数值天气预报，可根据网格属性结合 GIS 底图自动配置。

4. 资料收集整理

本次水文预报方案采用的雨量、水位、流量、蒸发资料均由水文部门提供。

（1）雨量资料收集。总共收集了 16 个雨量站的逐小时雨量资料，其中里林站和白塔站资料起始年份分别为 1982 年和 1988 年，其余 14 个站起始年份均为 1980 年。各站雨量资料详见表 3.11。

表 3.11　　　　　　　　　　　　永安溪流域雨量站资料情况表

序号	测站名	站码	资料起止时间/（年-月-日）		备　注
			起始	终止	
1	石舍	70420200	1980－04－01	2012－11－01	
2	马路	70421000	1980－04－01	2012－11－01	
3	曹店	70421400	1980－04－01	2012－11－01	
4	里林	70422400	1982－04－01	2012－11－01	
5	横寮	70422600	1980－04－01	2012－11－01	4—10 月 1h 时段
6	龙潭头	70422800	1980－04－01	2012－11－01	雨量摘录
7	林山	70423600	1980－04－01	2012－11－01	
8	上张	70424600	1980－04－01	2012－11－01	
9	苗寮	70425400	1980－04－01	2012－11－01	
10	溪上	70425800	1980－04－01	2012－11－01	

续表

序号	测站名	站码	资料起止时间/(年-月-日)		备　注
			起始	终止	
11	下回头	70426400	1980 - 04 - 01	2012 - 11 - 01	4—10月1h时段雨量摘录
12	枫树岗	70426600	1980 - 04 - 01	2012 - 11 - 01	
13	柏枝岙	70426800	1980 - 04 - 01	2012 - 11 - 01	
14	梅岙	70425600	1980 - 04 - 01	2012 - 11 - 01	
15	仙居	70424800	1980 - 04 - 01	2012 - 11 - 01	
16	白塔	70424000	1988 - 04 - 01	2012 - 11 - 01	

（2）洪水及其相关资料收集。本次收集了柏枝岙水文站1980—2012年4—10月的场次洪水资料，柏枝岙站2000年、2002年、2004年、2006年、2008—2012年的实测大断面资料，其中洪水水文要素资料为水位、流量摘录。柏枝岙水文站详细资料情况见表3.12。

表 3.12　　　　　　　　　　柏枝岙水文站资料情况表

站名	站码	资料起止年份	水位流量关系	备　　注
柏枝岙	70400800	1980—2012	有	大断面 2000 年、2002 年、2004 年、2006 年、2008—2012 年各一个，1980—2012 年水位、流量摘录

（3）蒸发资料收集。流域内柏枝岙水文站以上有仙居、白塔和梅岙三个蒸发站，资料系列齐全。白塔站资料起始年份为1988年，其余两站均为1980年，三个蒸发站详细资料见表3.13。

表 3.13　　　　　　　　　　永安溪流域蒸发测站资料情况表

序号	测站名	站码	资料起止时间/(年-月-日)		备　　注
			起始	终止	
1	梅岙	70425600	1980 - 01 - 01	2012 - 12 - 31	1980—2012年逐日蒸发
2	仙居	70424800	1980 - 01 - 01	2012 - 12 - 31	
3	白塔	70424000	1988 - 01 - 01	2012 - 12 - 31	1988—2012年逐日蒸发

（4）资料处理。由于水文局已经对收集到的大部分资料进行了处理，各种资料比较可靠。只需将雨量、流量、水位和蒸发资料按照一定的格式进行资料整编和计算统计：将雨量资料处理成1h时段的雨量值，将水位和流量资料处理成实时水位和流量值，将实测日蒸发资料输入模型数据库，并处理成各旬的平均1h时段蒸发量值。

由于流域内16个雨量站资料起始年份不一致，里林站为1982年，白塔站为1988年，其余各站均为1980年，而柏枝岙站洪水摘录资料的起始年份为1980年，为不影响因权重分配而使无资料年份的总雨量减少，同时不因个别站的资料影响柏枝岙站场次洪水的挑选，采用里林站的起始年份1982年为开始挑选洪水的年份。将白塔站1982—1987年的降雨量采用其附近的里林和林山站实测日降雨资料的算术平均值插补。

模型还不能实现每个单元采用不同的实测蒸发资料，由于仙居站资料年限长，且与梅岙站相比，基本位于流域的中部，本次新安江模型率定和验证采用仙居站的实测日蒸发资料。仙居站日蒸发资料输入数据库后，还需将其资料统计到各旬，计算各旬的日平均蒸发量，然后输入到洪水预报系统调用的数据库中，供其他无蒸发测站的流域或有蒸发测站但资料系列不全的流域借用。模型中利用仙居站日实测蒸发量进行产汇流计算，若蒸发站某一时间段蒸发资料缺失，模型则自动选择统计的各旬 1h 时段平均蒸发量进行产汇流计算，此时计算单元采用相同的各旬 1h 时段平均蒸发量，即蒸发量的计算时段长为 1h。仙居站各旬的日平均小时时段蒸发量见表 3.14。

表 3.14　　　　　　　　　　　　　仙居站各旬 1h 时段计算蒸发量

旬编号	蒸发量/mm	旬编号	蒸发量/mm	旬编号	蒸发量/mm
1	0.0442	13	0.1074	25	0.1225
2	0.0517	14	0.1158	26	0.1098
3	0.0701	15	0.1207	27	0.1124
4	0.0620	16	0.1344	28	0.1062
5	0.0579	17	0.1184	29	0.1027
6	0.0580	18	0.1074	30	0.0899
7	0.0682	19	0.1294	31	0.0824
8	0.0599	20	0.1488	32	0.0679
9	0.0658	21	0.1711	33	0.0593
10	0.0779	22	0.1571	34	0.0615
11	0.0842	23	0.1452	35	0.0537
12	0.0991	24	0.1220	36	0.0652

流量资料处理成 1h 时段的流量时按照线性插值计算，若上下两个瞬时流量值间隔大于 1h，则认为中间时段的瞬时流量值为两者的线性插值，如 18：15—21：00 之间仅有两端两个流量值：18：15 的瞬时流量为 300m³/s，21：00 的瞬时流量为 410m³/s，则 19：00 的瞬时流量线性插值为 330m³/s，20：00 的瞬时流量则为 370m³/s；若存在跨时段的分钟瞬时流量，处理方法类似。若某 1h 时段内存在多个实测时刻流量时，整点时刻的瞬时流量选择为距该整点时刻最近的时刻的实测流量。

上述资料经处理后基本符合数据库的输入要求，按照格式编制程序输入数据库即可。由于下岸水库为多年调节水库，单独设置下岸水库块区，其控制站暂虚设为下岸水库出库站，其出库流量暂设为 0，待收集到水库的出库流量时再补入数据库。在模型参数率定和验证时不考虑该块区的入流，下文仅针对柏枝岙块区的 14 个计算单元进行参数率定和验证。

5. 参数配置与洪水选取

对柏枝岙块区中柏枝岙预报断面以上的 14 个计算单元进行 1h 时段的模型参数率定。新安江模型所需的输入主要有流域内雨量站雨量及权重、下游控制站流量、蒸发等资料。14 个计算单元雨量站的权重按照泰森多边形法并依据水系、地形人工调整后给出；每个单元内仅有一个雨量站，其权重均为 1；实测蒸发资料已输入数据库，且旬平均 1h 时段蒸发量已经计算。以下主要针对新安江模型产流参数、坡面和河道汇流单位线等进行参数率定和检验。

由于新安江模型参数中的 C、B、IM、EX 值相对不敏感，因此根据流域状况先设定这几个参数为定值，并为其他参数设定取值范围，采用粒子群优化算法（PSO）进行参数寻优，取值范围见表 3.15。

表 3.15　　　　　　　　　新安江模型参数取值范围

参数名称	K	UM	LM	C	WM	B	IM	SM	EX	KG	KI
最小值	0.5	5	60	0.09	100	0.1	0.01	10	1	0.05	0.05
最大值	1.2	20	90	0.15	150	0.4	0.05	50	1.5	0.65	0.65
推荐值	1	10	75	0.16	130	0.29	0.02	30	1.2	0.35	0.35
是否优化	1	1	1	0	1	0	0	1	0	1	1

参数名称	CG	CI	网 CS	网 L	道 x	道 $1n$	道 $2n$	道 $3n$	道 $4n$	道 $5n$	道 $6n$
最小值	0.95	0.5	0	0	0.46	0	0	0	0	0	0
最大值	0.998	0.9	1	20	0.497	20	20	20	20	20	20
推荐值	0.998	0.9	0.5	1	0.479	14	13	13	12	10	10
是否优化	1	1	0	1	0	0	0	0	0	0	0

参数名称	道 $7n$	河道 $8n$	河道 $9n$	河道 $10n$	河道 $11n$	河道 $12n$	河道 $13n$	河道 $14n$	入流 x	入流 ln	
最小值	0	0	0	0	0	0	0	0	0.46	0	
最大值	20	20	20	20	20	20	20	20	0.497	20	
推荐值	8	10	9	8	7	5	2	0	0.479	5	
是否优化	0	0	0	0	0	0	0	0	1	0	

注　K 为蒸散发能力折算系数；UM 为上层蓄水容量；LM 为下层蓄水容量；C 为深层蒸散发扩散系数；WM 为流域蓄水容量；B 为张力水蓄水容量曲线指数；IM 为不透水面积比值；SM 为流域平均自由水蓄水容量；EX 为表层自由水蓄水容量曲线指数；KG 为表层自由水蓄量对地下水的出流系数；KI 为表层自由水蓄量对壤中流的出流系数；CG 为消退系数；CI 为壤中流消退系数；CS 河网滞留演进系数；L 为河网滞留时段系数；x 为马斯京根入流系数；n 为马斯京根汇流时段；ln 为入流边界。

6. 预见期分析

永安溪流域柏枝岙水文站以上面积较大，且流域内有一座大型水库，一座中型水库和十几座小型水库，由三水源新安江水文模型计算模拟洪水的预见期与雨型、降水中心和水库的调蓄作用均有关系，平均预见期为 15h 左右。对于单峰的洪水过程，一般预见期在 11～17h 之间。并且受降雨中心的影响，若降雨中心在上游，可能有 15～17h 的预见期，多者可达 19h；若降雨中心在中下游，有 9～11h 的预见期，个别暴雨中水在柏枝岙站附近的洪水预见期仅有 8h。对于多峰型的洪水过程（多为两峰型的），预见期一般有 12～16h，同时也受降雨中心的影响，前后两个峰预见期可能有 2h 左右的差别。主雨期在前的洪水过程一般比主雨期在后的洪水预见期多 2～3h，同时受水库调蓄和暴雨中心的影响。

3.1.4　始丰溪洪水预报方案

始丰溪洪水预报方案编制的思路是以实时降水作为输入，并考虑天气短临降雨预报数值；通过构建山区水文模型计算区间产流，通过马斯京根法演算至始丰溪主河道；始丰溪主河道采用一维水动力模型计算洪水演进，对易涝区构建二维模型反映淹没情况；模型的率定以沙段、天台、平桥等水文站点历史实测资料为准，并在实时预报时将上述站点作为实时校正站；实时预报时对流域内的里石门水库及预报要求的中小型水库结合预报调度，将调度下泄流量作为模型边界；始丰溪洪水预报的成果与灵江干流模型耦合。

预报断面来水一般由两部分组成，一部分是上游其他块区的出流、另一部分是本块区的降雨来流量。柏枝岙块区以上为下岸水库块，由于下岸水库为多年调节水库，大部分年份水库下泄流量很少，故暂时将其入流量设为 0，不考虑该块区的入流量。洪水预报方案以新安江降雨径流模型方案为主，上游单元出口来水采用马斯京根河道汇流曲线将洪水过程演算至控制断面。

1. 预报单元划分

根据流域特性、流域水系、水利工程、测站分布等，并考虑降雨分布不均匀性的影响及上下不同单元块洪水传播的影响，将流域划分为两大块共 45 个计算单元，如图 3.23 所示。

2. 洪水预报断面

对于始丰溪要求预报断面为河头、沙段、永丰共三个断面。预报断面来水由两部分组成，一部分是上游其他块区的出流、另一部分是本块区的降雨来流量。洪水预报方案以新安江降雨径流预报模型方案为主，上游来水采用马斯京

图 3.23 始丰溪流域泰森多边形

根法将洪水过程演进至控制断面。通过构建始丰溪流域山区水文模型、流域内水库预报调度模型以及永安溪及支流水动力模型并进行耦合，将数值天气预报数据接入始丰溪流域水文模型，对流域产流进行预报，经马斯京根法计算汇流至水库或河道，通过水库泄流模型模拟以及河道水动力模型模拟，预报计算始丰溪天台站以及其支流各站点水位、流量过程及洪峰峰值、峰现时间等，下游耦合椒江干流一维河道模型（图 3.24）。

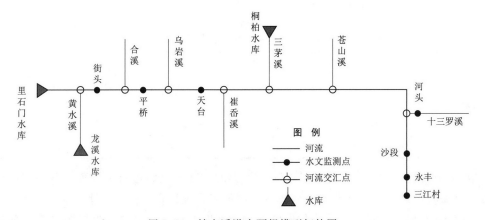

图 3.24 始丰溪洪水预报模型拓扑图

3．洪水预报时段

采用的降水资料和流量、水位资料为逐小时时段资料，因此，利用该资料制作的洪水预报输出结果时段为 1h。

4．预报单元雨量权重

根据已划分的块和单元，采用泰森多边形法计算子流域面雨量。在预报时，对于数值天气预报，可根据网格属性结合 GIS 底图自动配置。

5．资料收集整理

本次水文预报方案采用的雨量、水位、流量、蒸发资料均由水文部门提供。

1）雨量资料收集。总共收集了 10 个雨量站的逐小时雨量资料，各雨量站资料情况详见表 3.16。

表 3.16　　　　　　　　　　　　　始丰溪流域雨量站资料情况

序号	站名	站码	资料起止时间/(年-月-日)		备　注
			起始	终止	
1	天柱	70428400	1980 - 04 - 03	2012 - 10 - 30	
2	街头	70429000	1980 - 04 - 03	2012 - 10 - 30	
3	白鹤殿	70430200	1980 - 04 - 03	2012 - 10 - 30	
4	龙皇堂	70430400	1980 - 04 - 01	2012 - 10 - 31	
5	天台	70430600	1980 - 04 - 03	2012 - 10 - 30	资料站，4—10 月逐小时时段雨量摘录
6	里石门	70428200	1980 - 04 - 03	2012 - 10 - 30	
7	西角	70427900	1999 - 06 - 02	2012 - 10 - 30	
8	方前	70427800	1980 - 04 - 03	2007 - 10 - 09	
9	田芯	70427850	2008 - 04 - 04	2012 - 10 - 31	
10	岩下	70430000	1980 - 04 - 03	2012 - 10 - 30	

2）洪水资料收集。本次收集了沙段水文站及天台、河头等水位站的场次洪水资料和始丰溪干流的大断面资料，时段长度为 1h。

3）蒸发资料收集。蒸发资料选用的是日蒸发资料，蒸发站共有三个，分别为：方前、田芯和岩下。各站资料情况见表 3.17。

表 3.17　　　　　　　　　　　始丰溪流域蒸发测站资料情况表

站名	站码	资料起止时间/(年-月-日)		备　注
		起始	终止	
方前	70427800	1983 - 01 - 01	2007 - 10 - 09	
田芯	70427850	2008 - 01 - 01	2012 - 12 - 31	资料站，逐日
岩下	70430000	1978 - 01 - 01	2012 - 12 - 31	

4）资料处理。由于水文部门已经对收集到的大部分资料进行了处理，各种资料比较可靠。只需将雨量、水位和蒸发资料按照一定的格式进行资料整编和计算统计：将雨量资料处理成 1h 时段的雨量值，将水位资料处理成实时水位值，将日蒸发资料处理成各旬的

平均1h时段蒸发量值。

雨量、水位资料经过水文局处理后基本已经符合数据库的输入格式,编制程序输入数据库即可;蒸发资料相对齐全,对于明显错误的资料,如平年2月29日和30日蒸发量为0或有值的记录全部删除,少量缺测的资料不进行统计和计算。

由于岩下站蒸发资料最齐全,本次预报方案编制采用该站的资料。将岩下站的日蒸发资料输入数据库后,还需将其资料统计到各旬,计算各旬的日平均蒸发量,然后输入到洪水预报系统调用的数据库中,供其他无蒸发测站的流域或有蒸发测站但资料系列不全的流域借用。由于本流域中有蒸发测站,故模型中利用岩下站日实测蒸发量进行产汇流计算。若蒸发站某一时间段蒸发资料缺失,模型则自动选择统计的各旬1h时段平均蒸发量进行产汇流计算,此时计算单元采用相同的各旬1h时段平均蒸发量,即蒸发量的计算时段长为1h。上述资料经处理后基本符合数据库的输入要求,按照格式编制程序输入数据库即可。

6. 预见期分析

根据流域特性,估算天台断面以上始丰溪流域洪水的平均预见期。本流域河道平均坡度相对略大,天台水位站以上流域面积比参照流域小,故大概推算天台断面洪水预见期一般有8h左右。

3.1.5 平原河网洪水预报方案

椒(灵)江流域洪水预报调度一体化平台建设主要涉及大田平原、义城港平原、东部平原洪水的预报,根据平原地区流域的特征,总体上采用水文水动力耦合模型。其中:①平原外围的山区,采用新安江模型;②平原区的产流采用基于四种下垫面的平原水文模型;③平原河网的河道水流运动,采用一维水动力模型,当洪水期出现高水位漫流于滩地、地面时,采用一维、二维耦合模型;④闸堰及工程控制采用前述基于堰闸过流的模型。

3.1.5.1 义城港平原洪水预报方案

1. 义城港平原基本情况

义城港平原位于临海市灵江南岸,与临海主城区隔江相望。包括江南街道大部和尤溪镇部分,土地利用以城建和农业为主,其中台金高速以南以城建用地为主,高程约为5.00~6.50m,高速以北以农业用地为主,尤溪镇高程较高,约为9.00~11.00m,其余约为4.50~5.50m。

义城港平原主要排涝河道为义城港。义城港是灵江的第二大支流,发源于尤溪镇双坑牛岗,全长40.2km,流域面积228.8km^2。义城港上游段(尤溪镇)为山溪性河道,长27.2km,上游无控制性水库工程,且河短坡陡,洪水猛,洪水出山谷后即泛滥于江南区块平原,造成江南区块为浙江省有名的洪涝重灾区;下游(江南街道)为平原性河道,长13km,河宽40~80m,河底高程在−3.68~0.16m之间。

义城港原在两水村入灵江,1974年在增棚埠建了红旗闸,河道改在增棚埠入灵江。2008年,随着长石岭排涝隧洞和长石岭排涝闸的建成,一部分义城港洪水通过后周入灵江。目前义城港可通过七一排涝闸、红旗闸、长石岭排涝闸排水。

2. 义城港平原预报模型建立

由义城港平原地形图可以看出,义城港流域地形整体自西南向东北倾斜,外围(主要是西、南部)为山丘区,东北部为平原区,洪水预报时,对于山丘区产流采用新安江模型,对于平原区产流采用平原水文模型。

(1) 义城港流域水文模型的构建。项目承担单位已积累了椒江流域全流域的高精度地形图、DEM、DLG、DSM 等数字测量产品,对于山丘区,可采用 DEM 根据 D8 算法,直接生成水文模型,主要步骤为:确定研究区域、生成子流域边界、生成水文模型。

采用 DEM 生成水文模型,在山丘区是较为方便的,但是对于平原区,则会出现不合理的情况,因此,对于平原区的水文模型分区,采用河网多边形生成。而后再对山丘区与平原区交界处进行处理,生成整体水文模型,特性见表 3.18。

表 3.18 义城港流域主要子流域特性表

序号	流域水系	断面名称	集水面积 F /km²	河长 L /km	河道坡降 J /%
1	义城港	柴坦溪出口	74.61	25.0	2.1
2		尤溪镇区断面	122.2	25.3	2.1
3		三姓村断面	142.3	30.2	1.5
4	左岙溪	大左岙村上断面	8.55	5.9	6.8
5		大左岙村下断面	15.63	6.6	5.2
6		后堂	17.11	7.7	4.0
7		牛头山(出口)	18.93	9.0	3.2
8		坑王电站	6.56	4.7	6.6
9		大亩坦	0.47	1.3	22.1
10	于岙溪	出口	3.77	3.4	7.4
11	山坦溪	出口	5.58	4.1	8.8
12	倒基龙	出口	0.85	1.6	16.8
13	南山坑	出口	1.12	2.0	21.4
14	坐岩坑	出口	1.62	2.2	17.4
15	白岩溪	出口	11.26	7.7	3.5
16	奇龙岙	出口	0.98	1.9	9.7
17	香年溪	坦下	39.84	13.4	2.5

(2) 义城港流域雨量计算方案。在洪水预报时,对于流域面雨量的计算,一般采用现有雨量站泰森多边形加权计算,本次在义城港流域水文模型计算时,雨量站与椒(灵)江流域整体考虑,除采用水文部门雨量站外,还考虑防汛部门建设的数据质量好、传输稳定的站点,形成了流域统一的雨量计算方案。

(3) 义城港流域水动力学模型建立。水动力学模型主要是在预报时计算河道各断面的水力要素,包括水位、流量、流速等,尤其是水位与流量对于洪水预报最为关键。根据义城港平原河网结构特点,概化了义城港水动力学模型计算的河道,包括义城港主流,计算长度 20.79km，断面个数为 27 个，平均断面间距为 770m；香年溪长度 2.0km，断面个数为 4 个，平均间距 500m；七一河长度 6.23km，计算断面数 10 个，平均间距为 600m；长石岭隧洞及其前段河道长度 1.69km，计算断面数 3 个，平均间距 600m，以及无名河道 1 条。

平原河网概化图如下：

水动力模型中，除河道、湖泊（水塘）外，另外需要考虑的是水闸、堰坝。义城港流域中的水闸包括七一河闸、长石岭闸、红旗闸以及义城港河流上游的三座堰坝。

（4）水文水力学耦合模型。对于义城港流域，上游山丘区产流以及平原本地产水均采用水文模型，对于河道水流运动采用一维水动力模型，水文模型计算产生的流量过程作为水动力模型的入流边界条件，在预报计算时同步进行。

对于子流域较多，干支流逻辑关系清晰的区域，也可采用系统自动设置，本项目中，椒江流域划分子流域较多，一方面采用系统根据 DEM 流出点自动设置入流到最近河道断面中，另一方面人工检查编辑修正耦合关系。

（5）边界条件设置。在完成水文水动力耦合模型建立后，需要对边界条件进行设置。对于流域洪水预报系统来讲，需要的边界条件包括降雨、潮位、蒸发等外部边界以及水闸、调蓄水库等内部边界。

实时洪水预报中，降雨数据一方面采用雨量站点实测数据，另一方面本次采用数值天气预报网格降雨成果直接引入，潮位边界采用天文潮（风暴潮）预报成果，对于蒸发，无实时监测成果也无预报成果，一般是采用多年同期蒸发量替代。内部边界中的堰流，自动按照淹没或者自由出流由模型自动计算，水闸如七一河闸、长石岭闸等与灵江干流连通，根据调度规则或灵江水位情况启闭。

3. 义城港平原预报模型的率定

拟用已有历史水文资料 2015 年第 13 号台风"苏迪罗"以及 2019 年第 9 号台风"利奇马"进行模型率定。

4. 预报断面配置

椒（灵）江洪水预报调度一体化系统对于义城港流域，要求的预报断面均位于义城港主流上，包括尤溪、塘渡及义城港三个断面（站点），在预报系统中对此进行设置。

5. 实时校正

实时校正技术是义城港平原模型洪水准确预报的措施之一。在义城港平原洪水预报模型中，包含了水文模型实时校正、水动力模型实时校正、水利工程工情实时校正等设置模块。

6. 精度保证措施

对于义城港流域，由于缺少流量监测资料，仅有部分水位资料，对此，模型的率定考虑分两步：第一步水文模型的率定，考虑采用周边流域的水文模型参数即新安江模型参数；第二步水动力模型参数的率定，在基本确定了水文模型参数后开展，一方面结合实际河道特点选取适当的糙率范围，另一方面结合已有的历史洪水水位过程资料进行。

（1）水文模型的率定。义城港流域水文模型参数的率定采用参数移用方案，通过对本流域面积、地域特性、降水量的分析，选用相似性较高的大田港流域牛头山水库断面预报方案中的参数作为本预报方案参数。

大田港属于灵江水系，牛头山水库位于灵江支流逆溪上，逆溪发源于临海市小芝镇的金竹坞东北麓，水库控制流域面积 254km²，主河流长 28km，平均坡降 4‰，糙率 0.04。义成港同样属于灵江水系，流域面积 229km²，于增棚埠村河口右岸注入灵江，河长 43km，平均坡降 5.54‰。预报断面外洋水文站以上义城港流域面积约 210.9km²，位于台州临海市内。牛头山水库站以上大田港流域面积比外洋水文站以上义城港流域面积略大，两者同属于灵江 1 级支流，且地域上同在临海市内，流域内都存在水库，地形地貌条件相似。

大田港和义城港两个流域同属亚热带季风气候区，多年平均气温均采用临海市区域内平均气温，为 17.1℃，极端最高气温和极端最低气温均相同；大田港流域多年平均湿度 80%，义城港多年平均湿度为 82%，两个流域气候特征相似。

1990—2012 年，牛头山水库建库以来大田港流域年平均降水量 1836.3mm，4—10 月降水量占全年的 62%～87%；外洋水文站以上义城港流域内有长系列雨量资料的只有柚溪站，1957—2012 年，柚溪站多年平均年降水量 1856.1mm，4—10 月降水量占全年的 79.9%。两个流域多年平均年降水量相差约 20mm，汛期降水量占全年降水量的比重接近，降水特性相似。

新安江模型预报方案参数率定采用的计算时段长为 1h，选用收集到的流域内测站的水文资料进行模型参数调试与检验。选取一定场次的代表性洪水进行参数率定，预留若干场次的洪水进行参数检验。采用洪峰流量、洪量和峰现时间评价预报方案的精度。

本次参数率定所选用的目标函数为误差平方和准则，即实测流量和模拟流量差值的平方和最小；参数优化的方法是人机对话优化，即先选取一组参数作为第一近似值，然后计算机自动优选参数，再结合人工经验进行参数调整，找到满足精度要求的一组参数值。

对牛头山水库块区的多个计算单元进行 1h 时段新安江模型的参数率定。新安江模型所需的输入主要有流域内雨量站雨量及权重、控制站流量、蒸发等资料。多个计算单元雨量站的权重按照泰森多边形法并依据水系、地形人工调整后给出；每个单元内仅有一个雨量站，其权重均为 1；旬平均 1h 时段蒸发量已经计算，针对新安江模型参数、坡面和河道汇流单位线等进行参数率定和检验。

由于新安江模型参数中的 C、B、IM、EX 值相对不敏感，因此先设定这几个参数为定值，并为其他参数设定取值范围，采用粒子群优化算法（PSO）进行参数寻优。

单元坡面汇流采用滞后演算法，单元出口—牛头山水库断面的河道汇流采用马斯京根法。滞后演算法参数有河网蓄水消退系数 CS 和河网滞后时间 L，分别代表对洪水过程的坦化作用和平移作用；马斯京根法参数包含蓄量-流量关系曲线的坡度 K、流量比重系数 x 和单元河段数 n，其中 $K=\Delta$，本次计算时段均是 1h，故固定该值不参与计算。

（2）水动力模型的率定。将上述牛头山水库断面的水文模型参数移用于义城港流域山丘区水文模型后，再进一步进行水动力模型率定。

本次椒（灵）江流域模型计算时按各河道实际情况，考虑以上影响因素，初步计算出一组糙率，对于某些上下游变化较大河道取定了一个糙率范围，代入模型中进行模拟计算，一般情况下，改变任何一河段的糙率均可能对邻近河段的水流运动、水位过程产生影响，如对受潮汐影响的河段，增大某河段的糙率将会使更多的能量消耗在该河段，结果是潮差减小而潮波传递时间延长，反之则反。在有实测资料的站点将计算的水位过程与实测的水位过程进行对比分析，二者过程线总体拟合较好，特征水位之绝对误差符合精度要求时，初步确定为模型的糙率参数，然后经多场雨洪过程对参数进一步调整与确认，最终确定为模型的糙率参数。

7. 与椒（灵）江洪水预报调度一体化系统的衔接

义城港平原流域属于椒江流域的一部分，也是本次椒（灵）江洪水预报调度一体化系统的一部分，按照"一体化"建模的思路，在雨量站设置、面雨量输入时均于椒（灵）江整体系统集成，义城港平原与灵江干流连通的水闸则转为内边界条件，在预报调度时可以设置调度条件，达到系统的无缝集成。

3.1.5.2 大田平原洪水预报方案

1. 大田平原基本情况

大田平原位于灵江以北，包括临海主城区在内的三面环山区域，沿江边地势较高，呈"锅底"形状，受灵江洪水顶托影响，造成平原腹地淹没水深大、时间长。大田平原流域面积 $522km^2$，其中牛头山水库集水面积 $254km^2$、白石溪积水面积 $26.5km^2$、两头门溪积水面积 $72km^2$、琅坑溪积水面积 $54km^2$，平原面积只有 $84km^2$。其余为平原周边山丘区，大田平原包括临海主城区的大洋街道卜邵家渡街道、大田街道、古城街道和东隆镇。

大田港是大田平原的重要河道，它是灵江河段最大的支流，发源于小芝大罗山，流经牛头山水库，出库后流经至四年村入邵家渡港，与大田河汇合称大田港，于五孔呑从左岸入灵江。大田港河长 54.1km，流域面积 $511km^2$，河宽 30～300m，比降 3.0‰，1990 年大田港建闸后成内河。

东大河：洛河以西段，总长 5.15km，河宽 10～40m，河底高程约为 2.00m，常水位 3.5m。河道两岸有砌石挡墙，与洛河交界处建有橡胶坝一座（坝高 2.3m，坝顶高程 4.00m）；并建有从洛河提水至东大河泵站一座（共 3 台水泵，每台水泵提水流量 $0.33m^3/s$）。

大寨河：始于东大河，止于大田港，总长 2.52km，河宽 17m，河底高程 1.70m 左右，常水位 3.5m。河道两岸有砌石挡墙，中段建有橡胶坝一座（坝高 2.3m，坝顶高程 4m）。

洋头河：始于东大河，止于灵湖，总长 1.49km，河宽 18～32m，河底高程在 1.3～1.9m 之间，河道坡降约 0.35‰，常水位 3.5m。河道两岸有砌石挡墙，出口处与灵湖交界处建有橡胶坝一座（坝高 2.3m，坝顶高程 4.00m）。并建有从灵湖提水至洋头河泵站一座（共三台水泵，每台水泵提水流量 $0.75m^3/s$）。

大庆河：始于东大河，止于灵江，总长 1.37km，河宽 15～18m，河底高程在 2.1～1.8m 之间，河道坡降约 0.2‰，常水位 3.5m。河道两岸有砌石挡墙，出口排入灵江。与灵江交界处建水闸一座，水闸为四孔箱式结构，每孔净宽 4m，总净宽 16m。大庆河作为市区的主排水通道，在出口处并建有排涝泵站一座，以利外江高洪水位时排水，泵站安装水泵三台，设计排涝流量 $33m^3/s$。

2. 大田平原预报模型建立

由大田平原地形图可以看出，大田港流域地形整体自东北向西南倾斜，三面为山丘区，西南部为平原区，洪水预报时，对于山丘区产流采用新安江模型，对于平原区产流采用上述基于四种下垫面的平原水文模型。

（1）大田平原流域水文模型的构建。大田平原流域水文模型构建的总体思路与义城港平原类似，西、北、东三面的山丘区，采用 DEM 生成子流域，在此不再赘述，流域特性见表 3.19。

表 3.19　　　　　　　　　　　大田港流域主要子流域特性表

支流名称	发源地	集雨面积/km²	河长/km
白石溪	长田岸	26.5	12.0
两头门溪	羊岩山南坡	43.7	7.5
东溪	长斗山、望海尖、发雾岩	31.1	11.5
琅坑溪	良朋岗	31.0	17.2
逆溪	桐崎区大罗山	522.0	54.1

（2）大田港流域水文模型雨量计算方案。实时雨量：在洪水预报时，对于流域面雨量的计算，一般采用现有雨量站泰森多边形加权计算，本次在大田港流域水文模型计算时，雨量站与椒（灵）江流域整体考虑，除采用水文部门雨量站外，还考虑防汛部门建设的数据质量好、传输稳定的站点，形成了流域统一的雨量计算方案如图 3.25 所示。

图 3.25　大田港流域雨量泰森多边形

预报雨量：根据流域的特性，能够实现数值天气预报成果数据到来水预测模型系统的数据传递，开发出流域可视化界面，建立基于数值天气预报的流域来水预报模型。网格区域完全可以覆盖流域，网格的网格距为 1km。

（3）大田港流域水动力学模型建立。对于平原区，需根据河网特点构建，本次初步对大田平原考虑建模的河道包括东大河、洛河、洋头河、邵家渡港、大田港等、临灵湖；以及大田港闸、大庆河闸、灵湖-洋头河泵站、灵湖节制闸等水利工程。另外，对于大田平原经常出现的淹没问题，采用二维漫流模型进行计算。

根据大田平原河网结构特点，概化了大田水动力学模型计算的河道，包括大田港主流，大田港计算长度 9.94km，断面个数为 19 个，平均断面间距为 523m；东大河 4.94km，断面个数为 58 个，平均间距 85m；大寨河 1.49km，计算断面数 17 个，平均间距为 88m；洋头河 1.35km，计算断面数 16 个，平均间距 84m；大庆河 1.3km，断面个数 14 个，平均间距 m；洋心河 3.08km，断面个数 8 个，平均间距 440m；邵家渡 8.73km，断面个数 11 个，平均间距 873m；大寨河灵湖段 1km，断面个数 4 个，平均间距 333m 以及虚拟河段 2 条。二维模型构建以 250m×250m 网格计算，共计生成 1907 个网格。

水动力模型中，除河道、湖泊（水塘）外，另外需要考虑的是水闸、堰坝。大田港流域中的水闸包括大庆河闸、大田港闸、大寨河橡胶坝、灵湖 1 号闸以及灵湖引水闸等，预报系统中的设置见表3.20。

表 3.20　　　　　　　　　大田港水动力模型闸堰设置统计表

名　称	流出信息	流入信息	宽度或泵容量/m	底高或长度/m
大田港闸	河道：大田港北段 断面（大田港北段-1）（概化节点：18）	灵江（概化节点：21）	40	-2
大庆河闸	河道：大庆河 断面（大庆河-14）（概化节点：3）	灵江（概化节点：21）	16	-1
东大河东湖	河道：东大河 断面（东大河-58）（概化节点：2）	东湖（概化节点：19）	20	1
洋头河橡胶坝	河道：洋头河 断面（洋头河-16）（概化节点：4）	灵湖（概化节点：20）	20	2
灵湖引水闸	河道：大田港北段 断面（大田港北段-7）（概化节点：12）	灵湖（概化节点：20）	20	1
灵湖 1 号闸	灵湖（概化节点：20）	河道：大田港北段 断面（大田港北段-4）（概化节点：22）	20	1
大寨河橡胶坝	河道：大寨河 断面（大寨河-17）（概化节点：9）	河道：大寨河灵湖段 断面（大寨河灵湖段-4）（概化节点：10）	20	2

（4）水文-水力学耦合模型。对于大田港流域，上游山丘区产流以及平原本地产水均采用水文模型，对于河道水流运动采用一维水动力模型，水文模型计算产生的流量过程作为水动力模型的入流边界条件，在预报计算时同步进行。

其余子流域水文模型与水动力模型耦合的设置与义城港平原类似，本节不再赘述。

（5）边界条件设置。在完成水文水动力耦合模型建立后，需要对边界条件进行设置。对于流域洪水预报系统来讲，需要的边界条件包括降雨、潮位、蒸发等外部边界以及水闸、调蓄水库等内部边界。其余边界条件主要是大田港与灵江连通的水闸，如大田港闸；以及牛头山水库泄洪至邵家渡港进入大田平原，此项内容均可在一体化预报调度系统中一次设置完成。

实时洪水预报中，降雨数据一方面采用雨量站点实测数据，另一方面本次采用数值天气预报网格降雨成果直接引入，潮位边界采用天文潮（风暴潮）预报成果，对于蒸发，无实时监测成果也无预报成果，一般是采用多年同期蒸发量替代。内部边界中的堰流，自动按照淹没或者自由出流由模型自动计算，水闸如大田港闸、大庆河闸等与灵江干流连通，根据调度规则或灵江水位情况启闭。

3. 大田平原预报模型的率定

拟根据已有历史水文资料 2015 年第 13 号台风"苏迪罗"以及 2019 年第 9 号台风"利奇马"进行模型率定，场次见表 3.21。

表 3.21　　　　　　　　　　　　拟用于模型率定的洪水场次

年份及台风编号	降 雨 时 间
1992 年 16 号台风	8 月 26 日 10 时—9 月 2 日 10 时
1992 年 19 号台风	9 月 21 日 10 时—24 日 16 时
1994 年 17 号台风	8 月 18 日 14 时—23 日 3 时
1997 年 11 号台风	8 月 17 日 11 时—21 日 13 时
1999 年 9 号台风	9 月 1 日 12 时—5 日 5 时
1999 年 14 号台风	10 月 8 日 16 时—12 日 6 时
2000 年 10 号台风	8 月 23 日时—23 日 14 时
2000 年 12 号台风	8 月 28 日 20 时—31 日 12 时
2001 年 19 号台风	9 月 28 日 6 时—30 日 13 时
2004 年 14 号台风	8 月 11 日 13 时—14 日 11 时
2005 年 5 号台风	7 月 17 日 20 时—21 日 17 时
2005 年 9 号台风	8 月 4 日 13 时—7 日 17 时
2005 年 15 号台风	9 月 10 日 22 时—12 日 2 时
2007 年 13 号台风	9 月 17 日 23 时—20 日 5 时
2007 年 16 号台风	10 月 6 日 10 时—9 日 8 时
2009 年 8 号台风	8 月 6 日 15 时—10 日 16 时
2012 年 11 号台风	8 月 6 日 12 时—9 日 4 时
2015 年 13 号台风	8 月 7 日 8 时—10 日 2 时
2019 年 9 号台风	8 月 8 日 8 时—10 日 15 时

4. 预报断面配置

椒（灵）江洪水预报调度一体化系统对于大田港流域，要求的预报断面包括大田桥、上汇、市政府、大田港闸 4 个断面（站点）。

5. 实时校正

实时校正技术是大田平原模型洪水准确预报的措施之一。在大田平原洪水预报模型中，包含了水文模型实时校正、水动力模型实时校正、水利工程工情实时校正等设置模块。

6. 与椒（灵）江洪水预报调度一体化系统的耦合

大田平原为椒（灵）江流域的一部分，对椒（灵）江流域考虑整体建模，因此在面雨量计算、气象预报接入、水库泄洪进入河网、平原河网排水至灵江等问题，都是统一配置解决，自动同步计算。

输出的成果除要求的断面外，还可将模型概化范围内所有河道的全部断面的水位、流量成果输出。

3.1.5.3 东部平原洪水预报方案

1. 东部平原基本情况

东部平原位于临海市东部，包括杜桥镇、上盘镇和桃渚镇以及椒江区的椒北部分河网水系。东部平原西侧以山地为主，面积广、流域小，山洪量大流急；平原地势低平，河道流长，坡小流缓；东侧和南侧濒海，受潮汐顶托影响。此特殊的自然地理条件，易受台风、暴雨、大潮三重影响，引发内涝灾害。

2. 东部平原预报模型建立

由东部平原地形图可以看出，东部平原地形整体自新向东倾斜，西面为山丘区，东部为平原区，洪水预报时，对于山丘区产流采用三水源新安江模型，对于平原区产流采用上述基于四种下垫面的平原水文模型，模型的理论不再赘述。

（1）东部平原水文模型的构建。笔者积累了椒（灵）江流域全流域的高精度地形图、DEM、DLG、DSM 等数字测量产品，对于山丘区，可采用 DEM 根据 D8 算法，直接生成水文模型，主要步骤为：确定研究区域、生成子流域边界、生成水文模型。

对东部平原纵横交错的河网区平原区产水，采用基于四种下垫面类型的平原水文模型，平原水文模型区域划分采用前述的河网多边形生成。

（2）东部平原水文模型雨量计算方案。该区域洪水率定时采用的面雨量计算方案主要是采用实测资料系列比较长的站点，在预报时除采用上述站点外，还可考虑增加部分遥测站点，对实时雨量站点进行抗差处理后引入系统，泰森多边形划分方案与整体椒（灵）江流域预报调度系统一致，预报雨量的引入方案也与整体系统一致。

（3）东部平原水动力学模型建立。水动力学模型主要是在预报时计算河道各断面的水力要素，包括水位、流量、流速等，尤其是水位与流量对于洪水预报最为关键。根据东部平原河网结构特点，概化了东部平原水动力学模型计算的河道 54 条。

水动力模型中，除河道、湖泊（水塘）外，另外需要考虑的是水闸、堰坝。东部平原中的水闸包括红旗闸、红脚岩纳洪闸、川礁排涝闸等见表 3.22。

表 3.22　　　　　　　　东部平原水动力模型闸堰设置统计表

名　称	流　出　信　息	流　入　信　息	宽度或泵容量 /m	底高或长度 /m
鲁朱绞闸	河道：未命名河 76 断面（未命名河 76-6）（概化节点：2571）	零维区域 13（概化节点：-1）	1.9	-1.2
红脚岩闸	河道：中城南大河 断面（中城南大河-35）（概化节点：2632）	零维区域 2（概化节点：-1）	16	-2
短株闸	零维区域 50（概化节点：-1）	河道：未命名河 140 断面（未命名河 140-26）（概化节点：2562）	20	-1
麂晴闸	零维区域 51（概化节点：-1）	河道：台州湾 断面（台州湾-15）（概化节点：2621）	28	-1
白沙闸	河道：白沙坝脚河 断面（白沙坝脚河-18）（概化节点：2591）	零维区域 66（概化节点：-1）	6	-1.5

续表

名　　称	流　出　信　息	流　入　信　息	宽度或泵容量/m	底高或长度/m
达岛闸	河道：海建河 断面（海建河-21）（概化节点：2600）	零维区域4（概化节点：-1）	5.9	-1.6
反修闸	河道：和平港 断面（和平港-1_1）（概化节点：0）	河道：和平港 断面（和平港-2）（概化节点：2597）	9	-1.5
永兴村朝西闸	河道：中城南大河 断面（中城南大河-12）（概化节点：0）	河道：中城南大河 断面（中城南大河-12_1）（概化节点：0）	3	-2
蒲兰头闸	河道：中城南大河 断面（中城南大河-27_1）（概化节点：0）	河道：中城南大河 断面（中城南大河-28）（概化节点：0）	9	-2
大跳闸	河道：海建河 断面（海建河-3）（概化节点：0）	河道：海建河 断面（海建河-3_1）（概化节点：0）	2.95	-1.6
渔港控制闸	河道：中城南大河 断面（中城南大河-33_1）（概化节点：0）	河道：中城南大河 断面（中城南大河-34）（概化节点：0）	11	-2
回龙桥闸	河道：推船港 断面（推船港-6_1）（概化节点：0）	河道：推船港 断面（推船港-6_1_1）（概化节点：0）	3.8	-1.7
上盘红卫闸	河道：海建河 断面（海建河-20）（概化节点：0）	河道：海建河 断面（海建河-20_1）（概化节点：0）	5.6	-1.6
上盘拖牛坝闸	河道：总径塘 断面（总径塘-24_1）（概化节点：0）	河道：总径塘 断面（总径塘-25）（概化节点：0）	3.4	-1.5
上盘鹰窝头闸	河道：白沙坝脚河 断面（白沙坝脚河-15）（概化节点：0）	河道：白沙坝脚河 断面（白沙坝脚河-15_1）（概化节点：0）	3.1	-1.5
湖田三角塘闸	河道：百里大河b 断面（百里大河b-7）（概化节点：0）	河道：百里大河b 断面（百里大河b-7_1）（概化节点：0）	2	-0.7
红旗闸	河道：红旗河 断面（断面_0+069）（概化节点：2928）	河道：椒江 断面（断面_13+200）（概化节点：0）	3	-0.5
杜下浦闸	河道：杜下浦 断面（杜下浦-28）（概化节点：2643）	零维22（概化节点：1972）	5.65	-1
松浦闸	河道：松浦 断面（断面_0+006）（概化节点：2927）	河道：椒江 断面（断面_14+400）（概化节点：1972）	8.7	-0.5
岩头闸-Z	河道：椒江 断面（断面_11+200）（概化节点：2178）	河道：三条河 断面（断面_0+000）（概化节点：2938）	12	-0.1
华景村洋头闸	河道：椒北北渠 断面（断面_0+096_1）（概化节点：0）	河道：章安街河 断面（断面_1+176.26）（概化节点：2994）	3	0
华景闸	河道：椒北北渠 断面（断面_0+096_1）（概化节点：0）	河道：椒北北渠 断面（断面_0+096）（概化节点：0）	8.7	0
建设村新殿南闸	河道：梓林西大河 断面（断面_0+559）（概化节点：0）	河道：梓林西大河 断面（断面_0+322_1）（概化节点：0）	3	0
华景村江边闸	河道：梓林东大河 断面（断面_0+626_1）（概化节点：0）	河道：梓林东大河 断面（断面_0+626）（概化节点：0）	2.5	0

名　称	流 出 信 息	流 入 信 息	宽度或泵容量/m	底高或长度/m
东塍村后楼会闸	河道：椒北干渠 断面（断面_1＋701）（概化节点：0）	河道：椒北干渠 断面（断面_2＋005）（概化节点：0）	2	−0.2
建设闸	河道：椒江 断面（断面_4＋400）（概化节点：0）	河道：梓林西大河 断面（断面_0＋131）（概化节点：2932）	5	0
柏加闸	河道：柏加舍浦 断面（断面_0＋067）（概化节点：2935）	河道：椒江 断面（断面_3＋200）（概化节点：0）	3.5	−0.5
章安闸	河道：椒江 断面（断面_5＋200）（概化节点：2177）	河道：梓林东大河 断面（断面_0＋008）（概化节点：2931）	5	0
红脚岩二期北头纳潮闸	河道：红脚岩坝脚河1断面（红脚岩坝脚河1-6）（概化节点：3125）	零维区域65（概化节点：−1）	3	−0.5
红脚岩二期南头纳潮闸	河道：未命名河237断面（未命名河237-7）（概化节点：3124）	零维区域66（概化节点：−1）	3	−0.5
川礁一期排涝闸	河道：南洋坝脚河 断面（南洋坝脚河-9）（概化节点：3123）	零维区域66（概化节点：−1）	3.1	−0.5

（4）水文-水力学耦合模型。对于东部平原，上游山丘区产流以及平原本地产水均采用水文模型，对于河道水流运动采用一维水动力模型，水文模型计算产生的流量过程作为水动力模型的入流边界条件，在预报计算时同步进行。

对于子流域较多，干支流逻辑关系清晰的区域，也可采用系统自动设置，本项目中，椒江流域划分子流域较多，一方面采用系统根据 DEM 流出点自动设置入流到最近河道断面中，另一方面人工检查编辑修正耦合关系。

（5）边界条件设置。在完成水文水动力耦合模型建立后，需要对边界条件进行设置。对于流域洪水预报系统来讲，需要的边界条件包括降雨、潮位、蒸发等外部边界以及水闸、调蓄水库等内部边界。

实时洪水预报中，降雨数据一方面采用雨量站点实测数据，另一方面本次采用数值天气预报网格降雨成果直接引入，潮位边界采用天文潮（风暴潮）预报成果，对于蒸发，无实时监测成果也无预报成果，一般是采用多年同期蒸发量替代。内部边界中的堰流，自动按照淹没或者自由出流由模型自动计算，水闸如大田港闸、大庆河闸等与灵江干流连通，根据调度规则或灵江水位情况启闭。

3. 预报断面配置

椒（灵）江洪水预报调度一体化系统对于东部平原，站点主要有杜桥、山顶中学、医化园区、上盘、桃渚五个断面（站点），设置方法与义城港平原及大田港平原类似。

4. 实时校正

实时校正技术是东部平原模型洪水准确预报的措施之一。在东部平原洪水预报模型中，包含了水文模型实时校正、水动力模型实时校正、水利工程工情实时校正等设置模块。水文模型、水动力模型实时校正模块可以通过菜单"模型耦合-实时预报-校正配置"进行滤波校正设置。

5. 水利工程实时校正

水利工程工情实时校正设置在控制调度要素界面进行设置，当有实测资料时，模拟期按照实际过流资料进行校正，当预测期时按照界面左侧所设置规则进行调度。

6. 精度保证措施

对于东部平原，由于缺少流量监测资料，仅有部分水位资料，对此，模型的率定考虑分两步：第一步水文模型的率定，考虑采用周边流域的水文模型参数即新安江模型参数；第二步水动力模型参数的率定，在基本确定了水文模型参数后开展，一方面结合实际河道特点选取适当的糙率范围，另一方面结合已有的历史洪水水位过程资料进行。

3.1.6　风暴潮预报方案

天文风暴潮预报方案利用流域解构模块，需要对天文潮和风暴潮预报模型进行拓展和优化，编制临海近海天文潮风暴潮增水预报方案，完成模型参数的率定与验证。

3.1.6.1　基础资料收集和分析

椒江口风暴潮预报所需收集的资料包括历史风暴潮灾害情况统计、水深、地形、海堤及潮位等数据在内的基础数据的准确性对于台州沿海的风暴潮淹没分析有着十分重要的作用。

1. 水深、高程、岸线数据

水深数据采用国家海洋环境预报中心业务化预报所用的分辨率为 $2'$ 的水深数据插值到网格节点。台州近海部分水深数据采用实际调查所得，基本能反映台州沿海最新的水深变化情况。

2. 海堤数据

为了色彩对比明显，整个评估区域内的水深地形及海堤等数据的分布情况，高程大于 8.00m 处高程设为 8.00m。可以清楚地看到台州地区河流、山地、平原的分布情况。浙江全省海堤修筑标准较高，台州目前建成海堤总长 45.457km，分布在南北两岸，城区地段建设标准为 100 年一遇，其余为 50 年一遇标准。高标准海塘的建成，极大地提高了台州沿海防潮能力，成为椒江两岸乃至整个台州的防洪、防潮屏障。

3. 椒江天文潮的情况

台州地处浙江南部，天文潮波进入浅海后，由于水深、地形不断变化，再加之径流作用，浅水分潮具有由东向西、从江口到江顶逐渐增大的趋势。海门站的潮汐性质属于非正规半日浅水潮，此海域潮差较大。纵观五次严重的风暴潮过程，它们均发生在当年的 8 月或 9 月，此时浙江沿海天文高潮普遍较高，而风暴潮灾害的发生及严重程度在很大程度上需要较高天文潮的配合。

3.1.6.2　椒江口风暴潮预报模型选择

针对椒江河口采用三维非结构网格、原始方程、有限体积海岸海洋模型模拟计算河口及毗邻区域风暴潮潮位。非结构三角形网格适用于近岸、河口区复杂的岸线轮廓且该模型采用的原始方程和有限体积法较好地保证了质量、动量、盐度和热量的守恒性。

因而，对于椒江河口区岸线弯曲不规则，岛屿众多、近岸地形复杂的特点，此模型是非常适合的。

3.1.6.3 椒江口风暴潮模型建立与率定

1. 最危险台风路径的选取

历史上影响台州沿海的台风路径主要包括由南往北的如 9216 号台风，路径由东往西的如 8923 号台风，近海转向的如 7910 号台风。从对沿岸地区的实际影响来看，台州历史上五次大的灾害性风暴潮过程均为由东向西类型。为了找出对台州沿海地区影响最大的台风路径，在台州沿岸布置了四个控制点，选取的这些点基本上能反映出台州沿岸的风暴潮的变化情况。

2. 平均潮位计算

天文潮根据台风多发月份（6—10 月）潮位统计数据，取平均值其平均值作为模型模拟潮位见表 3.23。

表 3.23   **2001—2016 年海门站 6—10 月天文潮预报最高值**

年份	天文潮预报最高值/cm				
	6 月	7 月	8 月	9 月	10 月
2001	524	537	561	574	573
2002	507	510	531	559	573
2003	524	518	527	546	557
2004	524	526	553	555	551
2005	513	537	551	572	571
2006	490	512	535	561	580
2007	511	511	528	560	560
2008	522	531	540	544	548
2009	530	548	557	563	556
2010	515	532	550	564	572
2011	503	519	553	568	544
2012	527	518	524	557	559
2013	535	534	541	535	539
2014	532	540	549	552	545
2015	509	525	555	563	546
2016	531	522	533	558	561
平均值	540.5				

3. 台风强度分级

不同地区潮汐差不一样，同样强度的台风增水和造成的灾害程度不一样，根据台州地区实际情况和构成风暴潮的特点将台风划分为 6 个等级，见表 3.24。

表 3.24		台 风 等 级 划 分	
等　级	中心气压/hPa		参考风速/(m/s)
强热带风暴	985		10～11 级
台风	965		12～13 级
强台风	945		14～15 级
超强台风	935		16 级
超强台风	925		17 级
超强台风	915		17 级以上

4. 不同强度台风在沿岸各点引起的增水值

台州历史上 5 次严重的风暴潮灾害中 8923 号台风风暴潮、0414 号台风风暴潮、9711 号台风风暴潮、0515 号台风风暴潮 4 次非常严重的风暴潮灾害最高水位均发生在当地的天文高潮阶段。由此确定了最有利的台风路径后，根据不同的台风强度标准，为保守起见，以海门站为例，将各不同等级的台风引起的最大风暴增水叠加到该站的天文高潮上，得出该等级台风对台州地区造成的最大可能淹没风险。

3.1.7　水库防洪调度方案

椒（灵）江流域建有天台里石门水库、临海牛头山水库、仙居下岸水库、黄岩长潭水库等四座大型水库（本书中暂不考虑长潭水库），以及仙居里林水库、天台桐柏水库和龙溪水库、临海溪口水库和童燎水库、北岙水库、双溪水库、盂溪水库、朱溪水库以及方溪水库 10 座中型水库，共 13 座水库参与流域洪水调度。

大中型水库总集水面积约 2050km²，占流域总面积的 31%。水库的建设，在洪水期拦蓄洪水，削减洪峰，降低洪水位，在椒（灵）江流域防洪中起了一定的积极作用。

为全面掌握检测流域范围内的洪水情况，同时为防洪调度提供便利，在灵江及主要干支流上共设置 17 个防洪典型断面。根据流域范围内各水库的所在位置，以及选取的防洪典型断面之间的位置关系，画出概化拓扑图，如图 3.26 所示。

3.1.7.1　里石门水库调度方案

水库枢纽由拦河大坝、引水发电隧洞、发电厂房、升压站等组成。拦河大坝为变半径变中心角混凝土双曲拱坝，坝高 74.3m，坝顶高程 186.3m，坝顶弧长 265m，最大坝厚 15.5m，采用坝顶泄洪流量 5730m³/s；泄洪洞最大泄洪流量 214m³/s。

如今随着社会生产生活用水需求增加，里石门水库的供水功能愈发凸显。目前里石门水库很好地为整个天台平原保障了供水，台州地区近期遭遇 50 年一遇严重旱灾，自 2020 年冬起至 2021 年 1 月为期 3 个月左右无有效降水，多地受灾严重；天台平原每天所需供水量约 15 万 m³，截至 2022 年 10 月里石门水库仍有可供水量约 3000 万 m³，还可保证天台平原 200 天左右的供水。里石门水库现在还为下游生态养殖业提供 1m³/s 的生态流量。

1. 控制蓄水位

（1）全年控制蓄水位 176.04m（同正常蓄水位）。

（2）运行中应从严控制水库水位的消落，夏季库水位低于 165.04m 连续运行时间不得超过 15 天，不允许库水位低于 160.04m 运行。

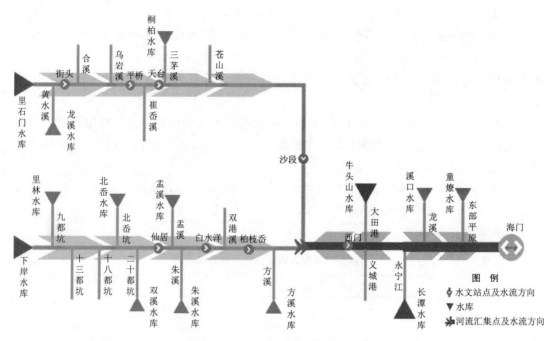

图 3.26 椒（灵）江干流水力联系拓扑关系图

2. 洪水调度原则

（1）汛期洪水调度按照《椒（灵）江干流洪水调度方案（试行）》（台防汛〔2016〕20号）有关规定执行，根据预报实施预泄和错峰调度。

1）库水位低于 180.69m（20年一遇洪水位），按下游河道安全泄量下泄，控制前山大桥断面流量不超过 1479m³/s 进行补偿调节。

2）库水位超过 180.69m 并将继续上涨时，逐步加大下泄流量，控制下泄流量不超过入库流量。

3）库水位回落阶段，根据气象预报及水库上下游情况调整下泄流量，及时将库水位降至汛期限制水位。

（2）非汛期洪水调度参照上述汛期调度原则执行。

（3）除调洪等特殊情况外，不得超控制蓄水位运行。

3. 调度权限

（1）防洪及其他应急调度。由天台县水利局负责，调度令抄送省水利厅、台州市水利局、临海市水利局。需配合流域调度时，按照流域统一调度机制由台州市水利局负责调度，调度令抄送省水利厅、天台县水利局、临海市水利局。同时，服从省水利厅调度。以上水库调度令同时抄送省防汛抗旱指挥部和相关市、县（市、区）防汛抗旱指挥部。

（2）兴利调度。原则上由天台县里石门水库事务中心负责。

（3）生态流量控制按照有关规定执行。

4. 调度方案

根据浙江省水利水电勘测设计院 2016 年编制的《椒（灵）江干流洪水调度方案研

究》成果，里石门水库泄洪设施为坝顶泄洪闸和坝身的泄洪洞。泄洪闸为 8 孔，每孔尺寸为 5.1m×10m（高×宽），溢流堰顶高程 176.00m；泄洪洞尺寸为 3m×3m（高×宽），进口底高程 140.25m，洞长 17m。里石门水库汛限水位同泄洪闸底高程齐平，无预泄条件，但泄洪洞可在预报洪水前适度进行预泄，降低水库起调水位。拟定必选方案如下：

方案 1：台汛期汛限水位为 176m，当库水位低于 180.69m 时，按照前山大桥断面流量不超过 1479m³/s 进行补偿调节；库水位超过 180.69m，逐步加大下泄流量，控制下泄流量不大于入库流量。

方案 2：在方案 1 基础上，根据气象和洪水预报，水库通过泄洪洞预泄 1m，水库起调水位为 175m。根据测算，水库通过泄洪洞预泄 1m 约 8h。

计算成果见表 3.25。

表 3.25　　　　　　　　　　　里石门不同起调水位调洪成果表

频率 $P/\%$	最高库水位/m		最大下泄水量/(m³/s)	
	176.04m 起调	175m 起调	176.04m 起调	175m 起调
1	181.20	181.19	2032	2025
2	181.11	181.12	1773	1791
5	181.01	180.89	1236	1098
10	180.08	179.75	559	515
20	178.83	178.43	405	362

由表可以看出，里石门水库在预降 1m，腾出部分库容后，在遭遇流域 5 年一遇洪水时，库水位降至 178.43m，低于现有征地水位；在遭遇流域 20 年一遇洪水时，库水位降低至 180.89m，与移民水位基本持平，且库区方前镇建有防洪堤，基本满足防洪要求。同时预降水位由于提前腾空部分库容，下泄流量有一定的减小。以流域洪水 5～20 年一遇设计洪水比较，预降 1m 水库下泄流量削 43～238m³/s。但与下游区间流量相比，不同起调水位下下泄流量减小的程度在 3%～6%，对下游洪灾的减轻程度非常微弱。

里石门水库的防洪功能也很突出。2019 年利奇马台风前，水库预泄了 2m 的库水，提前做好了应对洪水的准备；实际洪峰过境时，水库水位由 170.0m 上升至 177.6m，水库实际拦洪量在 8000m³ 左右，发挥出了非常好的防洪效果。

3.1.7.2　下岸水库调度方案

1. 控制蓄水位

（1）汛期控制蓄水位。

1）梅汛期控制蓄水位 207.0m。

2）台汛期控制蓄水位 204.0m。

3）梅台过渡期（7 月 1—15 日）接省、市气象部门台风预报后，必须及时将库水位降至台汛期汛限水位。

（2）非汛期控制蓄水位 208.00m（同正常蓄水位）。

2. 洪水调度原则

（1）汛期洪水调度。

1）库水位低于汛限水位时：

a. 如仙居抽水蓄能电站水库死水位以上水量和下岸水库水量合计超过下岸水库汛限水位相应库容量时，应通过下岸电站发电预泄。

b. 当预报有台风或强降雨时，根据预报和上下游情况及时预泄，降低起调水位。

c. 根据下游河道安全泄量补偿调节，控制下泄流量使横溪大桥断面流量不超过 $1000\text{m}^3/\text{s}$。

2）当库水位超过汛限水位，低于 211.97m（20 年一遇洪水位）时，开启溢洪道闸门泄洪，按横溪大桥断面流量不超过 $1000\text{m}^3/\text{s}$ 进行补偿调节。当仙居下岸水库叠加仙居抽水蓄能电站水库死水位以上水量相应水位超过 211.97m 时，应及时加大泄量。

3）当库水位超过 211.97m，低于 212.10m（100 年一遇洪水位）时，逐步开启溢洪道五孔闸门泄洪，控制水库泄流量不超过 $222\text{m}^3/\text{s}$。当库水位超过 212.05m 时，下岸电站停止发电。

4）当库水位超过 212.10m 时，增加溢洪道闸门开度，同时增开泄放洞泄洪，控制下泄流量不超过入库流量。

5）库水位回落阶段，根据预报及上下游情况，及时调整下泄流量，尽快将库水位降至汛限水位。

（2）非汛期洪水调度参照上述汛期调度原则执行。

（3）除调洪等特殊情况外，不得超控制蓄水位运行。

3. 调度权限

（1）防洪及其他应急调度。由仙居县水利局负责，调度令抄送省水利厅，台州市水利局。当发生流域性洪水时，按照流域统一调度机制由台州市水利局负责调度，调度令抄送省水利厅，仙居县水利局。同时，服从省水利厅调度。

以上水库调度令同时抄送省防汛抗旱指挥部和相关市、县防汛抗旱指挥部。

（2）兴利调度。原则上由浙江省仙居县下岸水库开发有限公司负责。

（3）生态流量控制按照有关规定执行。

4. 调度方案

下岸水库的泄洪建筑物为孔 10m 净宽的泄洪闸，但闸底高程与汛限水位齐平（204.00m），故无预泄的条件；而下岸水库发电流量只有 $33.4\text{m}^3/\text{s}$，一日下泄只有 288 万 m^3，因此，在该汛限水位下想通过预泄以减少对下游的影响，效果不明显。当流域洪水发生时，水库入库洪水与原设计洪水在洪峰、洪量、洪水过程形状中均有差异，水库洪水调度要避免对上游征地移民、下游过流能力产生新的不利影响。

根据浙江省水利水电勘测设计院 2016 年编制的《椒（灵）江干流洪水调度方案研究》成果，考虑了优化调度方案：

方案 1：即当前控运计划。台汛期汛限水位 204m，当库水位低于 211.97m 时，开启 1 孔泄洪闸，按横溪大桥断面流量不超过 $1000\text{m}^3/\text{s}$ 进行补偿调节；当库水位高于 211.97m，低于 212.30m 时，开启 3 孔泄洪闸泄洪；当库水位超过 212.30m 时，开启 5

孔泄洪闸泄洪，控制下泄流量不大于入库流量。

方案 2：为避免小于水库设计 $P=20\%$ 的入库洪水高于征线高程 209.31m，在方案 1 基础上，修改第一档调度原则：当库水位低于 211.97m 时，开启 2 孔泄洪闸，按横溪大桥断面流量不超过 1000m³/s 进行补偿调节，其余调度方式与方案 1 一致。各方案成果见表 3.26。

表 3.26　　　　　　　　　下岸水库不同调度方案调洪成果表

频率 P/%	最高库水位/m		最大下泄水量/(m³/s)	
	方案 1	方案 2	方案 1	方案 2
1	211.97	211.97	995	840
2	211.97	210.39	576	601
5	210.97	209.28	329	451
10	209.76	208.42	257	345
20	208.64	207.55	186	249

由表可以看出，下岸水库在库水位低于 211.97m 时，开启 2 孔泄洪闸泄流，在发生流域洪水 20 年一遇以下洪水时，水库水位也低于 209.31m（征地水位），对水库自身的防洪有积极作用，但下泄流量加大 63～122m³/s，与区间洪水流量相比，其影响基本可以忽略。

3.1.7.3　牛头山水库调度方案

牛头山水库位于灵江支流逆溪上，坝址在临海市邵家渡街道牛头山村，距临海市区约 22km。水库集水面积 254km²，总库容 3.025 亿 m³，正常库容 1.56 亿 m³。水库以灌溉、防洪为主，结合发电、供水等综合利用。设计灌溉农田 35.9 万亩，其中大田平原 7.9 万亩，东部平原 28 万亩，可使灌区抗旱能力从 40 天提高到 90 天；水库可拦蓄逆溪 20 年一遇全部洪水，减轻大田平原 10 万亩农田洪涝灾害。水电站装机 2×3200kW，平均年发电量 1670 万 kW·h。牛头山水库还为台州发电厂和临海市供水创造了有利条件。

1. 控制蓄水位

（1）汛期控制蓄水位。

1）梅汛期控制蓄水位 46.50m（同正常蓄水位）。

2）台汛期控制蓄水位 45.00m。

3）梅台过渡期（7 月 1—20 日）接省、市气象部门台风预报后，必须及时将库水位降至台汛期汛限水位。

（2）非汛期控制蓄水位 46.5m。

2. 洪水调度原则

（1）汛期洪水调度。

1）气象预报库区将出现强降雨时，应根据下游情况及时预泄，适当降低水库起调水位。

2）库水位低于 53.12m（20 年一遇洪水位），大田港闸外灵江水位低于 3.2m 时，按下游河道安全泄量进行补偿调节，控制下泄流量不超过 200m³/s；大田港闸外灵江水位高于 3.2m 时，水库停止泄洪，发电流量视下游水情调整。

3）库水位超过 53.12m，低于 54.6m（100 年一遇洪水位）时，开启溢洪道闸门泄洪，控制下泄流量不超过入库流量，直至五扇闸门全开。

4）库水位超过 54.6m 时，视汛情增开泄洪洞闸门泄洪直至全开。

5）当发生流域性洪水时，配合全流域防洪调度需要进行控制。

6）库水位回落阶段，根据气象预报及水库上下游情况调整下泄流量，及时将库水位降至汛期限制水位。

（2）非汛期洪水调度参照上述汛期调度原则执行。

（3）除调洪等特殊情况外，不得超控制蓄水位运行。

3. 调度方案

根据牛头山水库控运计划，其在库水位低于 100 年一遇洪水的情况下，基本是按发电流量下泄，在大田港闸外灵江水位低于 3.2m 时，按 200m³/s 补偿下泄，基本上满足了 20 年一遇优化需求。

（1）里石门水库、龙溪水库与下游河道的错峰调度。

1）当里石门水库水位小于 20 年一遇洪水位（180.69m）：前山大桥流量小于 20 年一遇流量（1427m³/s，67.15m），天台城关流量小于 50 年一遇流量时（2998m³/s，42.62m），里石门和龙溪水库补偿调节，按照合计流量小于前山断面 20 年一遇流量下泄。如果龙溪水库水位大于 5 年一遇洪水位，则龙溪水库按照单库控运计划执行，里石门水库补偿调节。

前山大桥流量大于 20 年一遇流量，或者天台城关流量大于 50 年一遇流量，里石门和龙溪水库关闸错峰。当龙溪水库流量大于 5 年一遇洪水位时，龙溪水库按照单库控运计划执行。

2）当里石门水库水位大于 20 年一遇洪水位，水位小于 100 年一遇洪水位（181.29m）：前山大桥流量小于 20 年一遇流量，天台城关流量小于 50 年一遇流量时，里石门水库按照单库控运计划执行，全力泄洪。

20 年一遇流量小于前山大桥流量小于 50 年一遇流量（1850m³/s，68.26m），50 年一遇流量小于天台城关流量小于 100 年一遇流量（3576m³/s，43.47m）时，里石门水库以前山大桥 20 年一遇流量泄洪。

前山大桥流量大于 50 年一遇流量，天台城关流量大于 100 年一遇流量，里石门水库尽量减少下泄流量，与下游错峰。

3）当里石门水库水位大于 100 年一遇洪水位：水库执行单库控运计划，全力泄洪，不再考虑下游的错峰调节。

（2）下岸水库与下游的错峰调度。

1）当下岸水库水位小于 20 年一遇洪水位时（211.97m）：横溪断面流量小于 20 年一遇洪水流量（970m³/s，113.16m），仙居河埠断面流量小于 50 年一遇洪水流量时（5015m³/s，47.76m），下岸水库按照小于横溪断面 20 年一遇流量下泄。

横溪断面流量大于 50 年一遇流量（1263m³/s，113.99m），或者仙居河埠断面流量大于 50 年一遇洪水流量时，下岸水库停止放水，与下游错峰调度。

2）当下岸水库水位大于 20 年一遇洪水位，小于 100 年一遇洪水位（212.3m）：横溪断面流量小于 20 年一遇洪水流量，仙居河埠断面流量小于 50 年一遇流量时，下岸水库按照单库控运计划执行，开启三扇泄洪闸泄洪。

20 年一遇流量小于横溪断面流量小于 50 年一遇流量，50 年一遇流量小于仙居河埠断面流量小于 100 年一遇流量（5882m³/s，49.39m）时，下岸水库以小于横溪大桥断面 20 年一遇流量泄洪，与下游洪水错峰。

横溪断面水位大于 50 年一遇洪水位，仙居河埠断面水位大于 100 年一遇洪水位，下岸水库尽量减少下泄流量，与下游洪水错峰。

3）当下岸水库水位大于 100 年一遇洪水位：下岸水库开启五扇闸门泄洪，不再考虑与下游的错峰调节。

（3）牛头山水库与下游的错峰调度。

1）牛头山水库水位小于 20 年一遇洪水位（53.12m）时：临海站西门站水位小于 50 年一遇时（13093m³/s，10.42m），牛头山水库可按照单库控运计划执行，即大田港闸外灵江水位低于 3.2m 时，按下游河道安全泄量进行补充调节，控制下泄流量不超过 200m³/s；大田港闸外灵江水位高于 3.2m 时，仅以发电流量下泄。

临海站西门站水位大于 50 年一遇：海门站潮位小于 20 年一遇时（4.91m），牛头山水库仅以发电流量下泄；海门站潮位大于 20 年一遇时，牛头山水库关闸错峰。

2）当牛头山水库水位大于 20 年一遇洪水位，小于 100 年一遇洪水位 54.60m：临海站西门站水位小于 50 年一遇时，牛头山水库开启溢洪道中孔闸门进行泄洪，随着水库水位上涨，逐渐增开两边对称闸门，直至 5 扇闸门全部开启。

临海站西门站水位大于 50 年一遇时，牛头山水库不考虑与下游的错峰，应根据实际情况尽量减小下泄流量与上游错峰。

3）当牛头山水库水位大于 100 年一遇洪水位：泄洪洞闸门全开泄洪，以确保水库大坝安全。

3.1.7.4 龙溪水库调度方案

龙溪水库位于天台县龙溪乡境内，是天台县最大的水电站龙溪水电站的调节水库，没有防洪、灌溉任务。装机容量 2×8000kW，年发电量 3800 万 kW·h，不但在天台县电网中起主导作用，还为台州电网担负顶峰任务，龙溪水库目前没有使用洪水预报系统，也还没有系统化的调度运行规则，每年的调度方案会提前上报，调度原则上泄水时间一般与里石门水库错开，避免下游河道水量在短时间内暴涨过大。

1. 控制蓄水位

龙溪水库汛期限制水位按正常蓄水位 397.04m，相应库容 2128 万 m³。

2. 洪水调度原则

（1）当库水位超过 394.04m 时，应根据气象预随时分析降雨情况，并考虑水库和下游的实际情况进行预泄，以减轻防洪的压力。

（2）当库水位超过 397.04m 并继续上涨时，开启溢洪道中孔进行泄洪。当库水位达到 398.54m 并继续上涨时，溢洪道三孔全部开启进行泄洪。

（3）洪水过后，视气象及下游情况，及时调整下泄流量，尽快将库水位降至正常蓄水位以下。

（4）应控制水库下泄流量不大于同频率天然洪水的洪峰流量。

（5）根据灵江流域联合调度方案关于里石门水库与下游河道错峰调度，如果始丰溪发生 5 年一遇（对应平桥前山大桥流量为 815m³/s，水位 65.21m）以下的洪水，里石门水库与龙溪水库（当龙溪水库开闸泄洪时）控制下泄流量不超过 612m³/s；如果始丰溪发生 10 年一遇（对应平桥前山大桥流量为 1117m³/s，水位 66.21m）以下的洪水，里石门水库与龙溪水库（当龙溪水库开闸泄洪时）控制下泄流量不超过 310m³/s。

3. 调度方案

兴利调度计划原则上根据兴利调节计算绘制的兴利调度图进行操作。

（1）当库水位处于防破坏线以上时，水库加大发电。

（2）当库水位处于限制出力线以上时，发电按正常进行。

（3）当库水位接近限制出力线并持续下降时，应有计划地减少发电供水量。

（4）库水位处于死水位以下停止发电。

（5）在实时调度中，应根据水文气象预报、库水位和需水变化情况，适当调整调度计划。

3.1.7.5 溪口水库调度方案

溪口水库坝址以上集雨面积 35.6km²（不包括西坑引水工程集水面积 7.73km²），水库总库容 2866 万 m³，正常库容 2060 万 m³，是一座以灌溉为主，兼有防洪、养殖、供水等综合利用的中型水库。其洪水调度原则如下：

（1）当预报有台风（热带风暴）或强降雨时，应根据预报、水库水位及下游情况及时预泄，适当降低水位。

（2）当库水位高于汛限水位时，泄洪供水隧洞全开以 20m³/s 流量泄流，同时开启溢洪道泄洪闸。

（3）当库水位高于 23.84m 时，泄洪供水隧洞和溢洪道泄洪闸全开，溢洪道自由溢流。

（4）洪水过后，视气象及下游情况，及时调整下泄流量，尽快将水位降至汛限水位以下。

3.1.7.6 童燎水库调度方案

童燎水库集雨面积 17.5km²，水库总库容 1361 万 m³，是一座以灌溉为主，兼有防洪、治涝、供水等综合利用的中型水库。其洪水调度规则如下：

（1）当预报有台风（热带风暴）或强降雨时，应根据预报、水库水位及下游情况，通过蝶阀进行预泄。

（2）当库水位超过 28.36m 时，由开敞式溢洪道自由泄洪。

3.1.7.7 盂溪水库调度方案

盂溪水库是一座以防洪和城镇生活供水为主的中型水库。水库按 100 年一遇设计，2000 年一遇校核，坝址以上集水面积 46.28km²，直接防洪保护对象为盂溪下游仙居县城。水库校核洪水位 167.02m，总库容 2119 万 m³；设计洪水位 166.21m；防洪高水位

165.86m，防洪库容 298 万 m³。其洪水调度原则如下：

（1）当接到台风（热带风暴）或暴雨洪水预报时，水库应根据预报、下游等情况及时预泄，适当降低水库水位。

（2）当水库水位超过汛期限制水位，低于 165.86m（50 年一遇洪水位）时，按下游东门大桥断面流量不超过 520m³/s 进行补偿调节。

（3）当水库水位超过 165.86m，且低于 166.21m（100 年一遇洪水位）时，控制水库泄量不超过 600m³/s。

（4）当水库水位超过 166.21m 时，加大下泄流量，保护大坝安全。

（5）洪水过后，视气象及下游情况，及时调整下泄流量，尽快将库水位降至汛限水位以下。

（6）应控制水库下泄的流量不大于同频率天然洪水的洪峰流量。

孟溪水库于 2020 年 11 月完工验收，2019 年开始蓄水，水库配有水位雨量监测系统，尚无洪水预报系统。孟溪是典型的山溪河流，暴雨来临时河流水位暴涨暴落，严重威胁沿岸及下游居民生命财产安全。孟溪水库目前已有洪水灾害应急调控预案。在 2019 年利奇马台风期间已经发挥起防洪功能。

3.1.7.8　里林水库调度方案

里林水库是一座以灌溉为主，结合防洪、发电等综合利用的中型水库。主要建筑物洪水标准按 100 年一遇洪水设计，2000 年一遇洪水校核，水库集雨面积 92.3km²。

洪水调度原则如下：

（1）当接到台风（热带风暴）或暴雨洪水预报时，水库应根据预报、下游等情况及时预泄，降低水库起调水位。

（2）当库水位超过 187.00m 时，电厂满负荷发电，开敞式溢洪道自由溢流。

3.1.7.9　北岙水库调度方案

北岙水库总库容 551.8 万 m³，是一座以发电为主，兼顾供水、灌溉的小（1）型水库。设计洪水标准为 30 年一遇洪水，校核洪水标准为 300 年一遇洪水。水库正常蓄水位为 195.00m。其洪水调度规则如下：

北岙水库溢洪道堰顶高程为 189.80m，溢洪道顶有闸门控制，汛限水位为 192.00m，相应库容为 338.6 万 m³。当库区上游来水时，闸门部分开启，保证库水位稳定在 192.00m；当入库流量大于 179.4m³/s 且有继续增大趋势时，闸门完全开启，敞开泄洪。

3.1.7.10　双溪水库调度方案

双溪水库大坝为砌石混凝土重力坝，总库容 450 万 m³，大坝最大坝高 28.2m，是一座以发电为主，兼顾灌溉、养殖的小（1）型水库，水库正常蓄水位为 290.56m（1985 国家高程系统，下同。对应原设计正常水位假定高程 37.30m）相应正常库容为 420 万 m³，200 年一遇校核洪水位为 291.26m，相应总库容为 450 万 m³，发电死水位 268.26m。

3.1.7.11　朱溪水库调度方案

朱溪水库工程是以供水为主，结合防洪、灌溉，兼顾发电等综合利用的水利工程，坝址以上集水面积 168.9km²，多年平均径流总量为 1.9197 亿 m³，多年平均流量为 6.08m³/s，水库正常蓄水位 148.00m（1985 国家高程基准，下同），台汛期限制水位

145.00m，正常蓄水位以下库容 10087 万 m³，供水调节库容 9849 万 m³，防洪库容 3082 万 m³。其洪水调度规则如下：

（1）水库台汛期（每年 7 月 16 日—10 月 15 日）限制蓄水位为 145m，梅汛期（4 月 16 日—7 月 15 日）限制蓄水位为 148m。

（2）水库水位在 151.38m（$P=5\%$）以下时，控制最大下泄流量不超过 200m³/s（梅汛期控制下泄流量不超过 600m³/s），以水库自身安全为主，逐渐加大下泄流量，直至闸门全开，但控制下泄流量不大于入库洪峰流量。

（3）水库水位在 151.38m（$P=5\%$）以上时，以水库自身安全为主，视水库来水情况，逐步开启全部泄洪闸加大泄量，确保大坝安全，但控制下泄流量不超过入库洪峰流量。

3.1.7.12 桐柏水库调度方案

上水库利用现有的桐柏水库加固改建而成，海拔 400.28m，主坝为均质石坝，集雨面积 6.7km²，正常库容 1072 万 m³，正常水位 396.21m，由于库周围有需要防护的对象，为保证库周居民安全，在大坝右侧设置了净宽为 2×6m 的溢洪道，堰顶高程 394m，并设置闸门控制水位。桐柏抽水蓄能上水库正常蓄水位和汛期限制水位为 396.21m，相应库容为 1146.8 万 m³；下水库正常蓄水位和汛期限制水位为 141.17m，相应水库容量为 1283.6 万 m³。洪水调度规则如下。

1. 上水库

（1）库水位低于 396.21m 时，电站正常抽水；库水位到达 396.21m 时，电站停止抽水。

（2）库水位超过 396.21m 时，开启溢洪道闸门，尽量控制库水位不超过 396.28m。

（3）当库水位超过 396.28m，溢洪道闸门全部开启，溢洪道自由溢流。

2. 下水库

（1）库水位超过汛期限制水位，但低于 141.90m 时，电站正常发电，入库洪水通过泄放洞排泄，泄放洞的泄流量为前一小时入库洪水的流量。

（2）库水位高于 141.90m，低于 200 年一遇设计洪水位 145.6m 时，水泵水轮机、泄放洞、溢洪道共同泄放洪水。

（3）库水位高于 145.60m 时，电站停止发电，关闭泄放洞，洪水通过溢洪道排放。

（4）控制水库的下泄流量不大于同频率天然洪水的洪峰流量。

3.1.7.13 方溪水库调度方案

方溪水库位于浙江省临海市括苍镇境内，永安溪流域支流方溪上，坝址地处方溪村上游约 450m，控制流域面积 84.8km²。多年平均径流量为 1.08 亿 m³，水库正常蓄水位 112.00m，水库总库容 7205 万 m³，正常库容 6101 万 m³，供水调节库容 5898 万 m³，防洪库容 1432 万 m³，多年平均供水量 6776 万 m³，电站装机 3750kW。在方溪主流上兴建方溪水库，控制集雨面积 84.8km²，拦蓄流域洪水、滞洪削峰，防洪效果明显。遭遇 20 年一遇洪水时，方溪水库坝址洪峰可从 1180m³/s 减少到 400m³/s，削峰幅度达 66%，降低张家渡桥洪水位 2.08m。同时，方溪水库的滞洪可减少进入永安溪洪水，从而减轻灵江两岸防洪压力。其洪水调度规则如下：

（1）台汛期水库限制蓄水位 109.00m，梅汛期（4 月 16 日—7 月 15 日）限制蓄水位 112m。

（2）台汛期坝前水位高于 109.00m、低于 114.94m（10 年一遇洪水位）时，开启闸门泄洪，控制下泄过流量不超过 300m³/s。

（3）台汛期坝前水位高于 114.94m、低于 116.79m（20 年一遇洪水位）时，开启闸门泄洪，控制下泄过流量不超过 400m³/s。

（4）坝前水位高于 116.79m 时，开启 3 孔闸门泄洪，以确保大坝安全，但应控制下泄流量不超过入库流量。

具体运用中，各级开闸泄洪应视下游洪水情况，服从防汛总体调度，以达到滞洪削峰、减轻流域水灾的最大化。

3.1.7.14　椒（灵）江干流多水库洪水联合调度

1. 多水库联合实时调度

为实现多个水库之间的联合实时调度，需结合椒（灵）江流域各水库之间的水力联系。水库在不同时期预留的不同防洪库容下进行防洪调度，下游防护对象面临的防洪风险率（出库流量大于安全流量的概率）也是随时间变化的。针对某一频率下的洪水而言，通常水库在整个汛期内的防洪要求也是不断变化的，因此需要计算不同频率下的防洪库容，这就需要对水库的防洪库容进行频率分析。为了计算水库的实时防洪风险，首先要得到水库不同时期的防洪库容，然后还要得到不同时期的不同频率下的防洪库容，前者需根据水库的防洪调度模型计算得到，后者需通过频率计算获得。因此，水库的实时防洪风险分析可以分为三个内容：水库的防洪调度，防洪库容的频率计算，以及水库防洪风险计算。

2. 多水库联合预报调度

在常规调度过程中仅以水库实时入流量和实时水位作为改变水库下泄流量的判别指标，在洪水起涨初期维持水库水位在汛限水位，未能充分利用此时水库调蓄能力，给后续洪峰调蓄带了极大的压力。同时由于椒（灵）江流域暴雨洪水比较集中，洪水陡涨陡落，如果不充分利用洪水起涨初期加大水库泄流，腾空库容，则很难满足后续洪水调蓄需求。因此，为了更好地利用水库调蓄能力，需要充分利用水库预报信息，在洪水起涨初期加大水库泄量，开展水库防洪预报调度。

因此，基于椒（灵）江流域防洪调度存在的问题，建立相应的调度模型，并对模型进行数学描述和分析，采用智能算法对模型进行求解，获得椒（灵）江流域防洪预报调度方案，为流域的水资源管理和利用提供参考依据。

3.1.8　平原河网防洪调度方案

首先制定单水闸泵站工程调度规则和调度方案，使得水闸的调度有参考标准；其次结合水文水动力学模型，对三大平原进行调度模型的建立，最后对比实际情况，分析调度模型求得的结果。

浙江台州椒（灵）江水系是由众多湖泊、河流、港渠、闸门、泵站组成的复杂排涝系统，先后遭遇过多次洪涝灾害的侵袭，作为台州市的重点防洪排涝系统，研究其优化调度具有非常重要的意义，项目根据其排水调度目标及相关调度原则，建立河湖闸泵群防洪排涝优化调度模型。优化的目标是在保证水系内调蓄湖泊的最高运行水位最低且其超过最高控制水位的持续时间最短。

项目中三大平原防洪预报调度，是指三大平原分别建立水文——一维水动力学耦合的预报调度模型。该预报调度模型涉及平原边界、隧道、各支流河道、泵站以及沿海沿江闸坝。上述工作已对流域进行了模块化、对三大平原流域的边界进行界定，并且对各个平原的模型进行详细的概述。项目将对三大平原分别建立水文——一维水动力学耦合模型，将上游洪水预报作为流量边界条件输入，调度计算包括三大平原河道调度计算模型，以及所有闸坝、泵站群工程调度计算，有必要时也会加入水库群的联合调度模型。

项目中平原河网调度中共涉及三台泵站、45个水闸。根据防洪排涝的原则对其工作进行调度规则的制定。

汛期水资源的调度要服从防汛要求，以高度负责的精神实施科学调度，确保人民生命财产安全和水利工程的防洪安全。

3.1.8.1 单工程防洪排涝调度方案

以下是较大的闸坝工程的简介。

1. 大田闸

临海市大田港闸是大田平原防洪除涝五大工程之一。大田港流域面积 $522km^2$，其中上游牛头山水库集水面积 $254km^2$。该闸位于古城街道西洋村，大田港出口灵江感潮河段上，工程效益以防洪、排涝、挡潮为主，兼有蓄淡、灌溉等作用，并解决大田港两岸工农业生产、生活、环境用水及大田港河道淤积，挡大潮，使大田平原免受潮水倒灌。大田港闸 1991 年建成并投入使用，闸址处基岩为白垩系含角砾凝灰岩，闸共五孔，每孔净宽8m，总净宽 40m，排涝标准 5 年一遇，挡潮标准为 20 年一遇，设计排涝流量 $541m^3/s$。

2. 大田平原排涝一期隧洞

临海市已完成大田平原排涝工程一期工程。主要思路为绕开庙龙港峡谷的顶托影响，新开排水出路至钓鱼亭。隧洞从邵家渡逆溪入口至钓鱼亭出口，明渠河道总长约 4.0km，河道底宽40m，边坡 1:3，河底高程 $-2.00 \sim -2.50m$；隧洞规模为 1 孔，城门洞形，断面尺寸 16m×14.7m（宽×高），隧洞底高程 $-2.50 \sim -3.00m$，总长约为 2.6km。隧洞出口处新建钓鱼亭排涝闸：规模为 2 孔×8m，闸底高程 $-3.00m$。一期工程使得琅坑溪和牛头山水库的部分水量可不经过大田平原至大田港闸排除，分担了大田港闸的压力。洪水过流时根据来水量以及大田闸的调度方案进行排水，预计占总排水量的三成。

3. 长石岭排涝隧洞

长石岭排涝隧洞共 2 孔，单宽 12m，排涝流量 $846m^3/s$，在灵江潮位低时泄洪速度很快。长石岭排涝隧洞入口位于东经 121.153730°北纬 28.808670°处，出口长石岭排涝闸位于东经 121.166973°北纬 28.809477°处，义城港平原涝水可经过长石岭排涝隧洞由长石岭排涝闸排至灵江。长石岭排涝闸在红旗闸下游，中间有庙龙港这一灵江河道的狭窄处，水位下降比红旗闸处早（一般相差 40min），使得长石岭排涝闸相比于红旗闸可以更早开始排水。长石岭排涝隧洞排水目前仅在涝灾严重时启用。义城港平原调度仍以红旗闸为主。

4. 红旗闸

临海市红旗闸控制流域面积 $228.8km^2$，最大过水流量 $284m^3/s$，该闸位于江南街道增栅埠村，东经 121.161378°北纬 28.837037°处。闸址在义城港入灵江口右岸，水闸共 6 孔，每孔净宽 4m，总净宽 24m，排涝标准 10 年一遇，挡潮标准为 50 年一遇。水闸共 6 孔，孔口尺寸为 4.0m×6.0m，工作闸门共 6 扇，为潜孔式钢闸门。闸门的操作条件为动水起闭，采用 QPQ-1×40 卷扬式启闭机，每台配套功率为 22kW。

3.1.8.2　大田平原闸泵站联合调度方案

大田平原位于灵江以北、临海市城区以东的三面环山区域，大田平原集水面积 575km²，其中牛头山水库集水面积 254km²。上游山区洪水等主要通过大田港闸排入灵江，排水受限于外江潮位。大田平原预报调度模型覆盖整个大田平原，上边界为白石溪、两头门溪、琅坑溪和牛头山水库等山洪，下边界为护城河闸、大庆河闸和规划的钓鱼亭闸等边界，下边界灵江水位由灵江干流模型提供。模型概化了城区主要河道包括东大河、大庆河、洋头河、大寨河、大田港和邵家渡港，以及规划的新开河道、隧洞等线路以及泵站、水闸。模型概化了 16 个边界、151 个断面、23 个河汊、2 座泵站、16 个水闸。

1. 大田平原闸泵调度情况简介

平原现状大部分地面高程达 6.0m 以上，局部低洼区域 4.5～5.5m。大田平原目前的骨干河道为邵家渡港和大田港，大田港河宽 20～60m，邵家渡港河宽 50～70m。当前大田平原及上游山区洪水只有大田港闸一个排涝出口，且由于大田港闸位于灵江庙龙港峡谷以上，大田港闸长时间处于灵江高水位状态下，可排时间不多。大田平原现状排涝能力不足 5 年一遇。

表 3.27 和表 3.28 分别为大田平原所属的泵站、闸坝详细情况。

表 3.27　　　　　大田平原所属泵站详情表

泵站名称	属地	所在灌区	流量/(m³/s)	装机功率/kW	设计扬程/m
大庆河闸-泵站工程	花街村委会	牛头山水库灌区	33	2400	4.7
护城河闸-泵站工程	下桥村委会	牛头山水库灌区	5	360	4.23

表 3.28　　　　　大田平原所属水闸详情表

水闸名称	属地	所在河流	闸口宽度/m	过闸流量/(m³/s)	设计洪水重现期/年
白塔寺闸	花街村委会	椒江	16	10	20
大庆河闸-水闸工程	花街村委会	椒江	18	156	20
大山隧洞进口闸	鼠岙村委会	大田港	2.77		
大田港闸	五孔岙村委会	大田港	40	541	20
大田节制闸	鼠岙村委会	大田港	4		
大寨河橡胶坝	曹家村委会	大田港			
电瓜桥闸	灵江村委会	椒江	5.2	6	10
东大河橡胶坝	丁家洋村委会	大田港			
护城河挡污二闸	下桥村委会	椒江	16	10	10

水闸名称	属地	所在河流	闸口宽度/m	过闸流量/(m³/s)	设计洪水重现期/年
护城河挡污一闸	下桥村委会	椒江	16	10	10
护城河闸-水闸工程	下桥村委会	椒江	16	10	10
环城东路闸	下桥村委会	椒江	3.3	8	10
靖江路闸	下桥村委会	椒江	16	10	10
临海洋头河橡胶坝	洋头社区	大田港			
人民路闸	下桥村委会	椒江	3	8	
东闸	钓鱼亭村委会	椒江	3	31.9	10
西闸	下洋峙村委会	椒江	3	31.9	10

2. 大田平原闸泵调度模型建立

（1）联合优化调度的模型建立。决策变量：大田平原存在 2 座泵站，16 座水闸，其开闸泄流顺序也是从下游至上游逆序泄流，以保证河道安全。根据模型大田平原联合优化调度模型的决策变量为各个水闸门至完全打开所需时间 T'_1、T'_2、…、T'_{16}，以及各个水闸的泄流流量 Q'_{1max}、Q'_{2max}、…、Q'_{16max} 和 2 座泵站的泄流流量 Q''_{1max}、Q''_{2max}。

约束条件：大田平原的约束条件为排水水流流速 v 小于排水管道的最大允许流速 v_{max}；水闸的泄流流量 Q'_{1max}、Q'_{2max}、…、Q'_{16max} 和 2 座泵站的泄流流量 Q''_{1max}、Q''_{2max} 小于水闸泵站最大允许泄流 Q_{1max}、Q_{2max}、…、Q_{18max}。

边界条件设置：在优化调度模型建立之后，需要进行对边界条件进行设置，对于大田平原闸泵优化调度系统而言，需要的边界包括降水，上下游水位，蒸散发以及初始水闸、泵站的运行状况。

（2）联合智能洪水优化实时调度模型。决策变量：根据该模型大田平原联合优化调度模型的决策变量为各个水闸门上下游的水位差 Z'_1、Z'_2、…、Z'_{16} 和泵站上下游水位差 Z''_1、Z''_2，以及水位回落至正常水位时间 T'_1、T'_2、…、T'_{16}。

约束条件：水闸的泄流流量 Q'_{1max}、Q'_{2max}、…、Q'_{16max} 和 2 座泵站的泄流流量 Q''_{1max}、Q''_{2max} 小于水闸泵站最大允许泄流 Q_{1max}、Q_{2max}、…、Q_{18max}；水闸泵站的最高水位约束，水闸和泵站上、下游最高水位 Z_1、Z_2、…、Z_{18}、Z''_1、Z''_2、…、Z''_{18} 不能超过规定的最高限制水位 Z'_{1max}、Z'_{2max}、…、Z'_{18max}。

边界条件设置：在优化调度模型建立之后，需要进行对边界条件进行设置，对于大田平原闸泵优化调度系统而言，需要的边界包括降水，上下游水位，蒸散发以及初始水闸、泵站的运行状况。

3. 优化调度系统包含输入输出功能

应用数据：大田平原流域河道等水文数据、泵站、水闸、隧道等工程测量数据、降水预报数据、洪水预报数据、各水库泵站、闸坝坝前的实时水位数据。

模型功能：根据提供的水文数据、观测数据以及预报数据进行防洪的调度，在洪峰来临的期间进行各河道的调度以及控制各闸坝、泵站工程的启闭，从而达到流域防洪减灾的目的（有必要时需要加入水库群进行联合调度）。

输出数据：各河道水资源的调度详情，大田平原水闸、泵站的调度计划和调度工作情况、排洪流量等。

3.1.8.3　义城港平原闸泵站联合调度方案

义城港是灵江第二大支流，全长 40.2km，流域面积 264.61km²。义城港平原排洪出口主要是红旗闸和长石岭隧洞。

义城港平原预报调度模型覆盖整个义城港平原，上边界为义城港尤溪洪水边界，下边界为七一闸、红旗闸、长石岭隧洞出口和规划出口等边界，香年溪、白岩岙等主要支流在模型中概化成集中入流。下边界灵江水位由灵江干流模型提供。模型概化了江南街道主要排涝河道包括七一河、义城港、长石岭河，以及规划的新开河道、尤汛隧洞等线路以及泵站、水闸。模型概化了 5 个边界、87 个断面、11 个河汊、1 座泵站、4 个水闸。（加入义城港平原闸泵的图）

1. 义城港平原闸泵调度情况简介

义城港在江南区块长约 13km，河面宽 40～60m，河底高程在 −3.68～0.16m 之间。在义城港出口处，有一挡潮闸，即红旗闸，闸底高程 −2.00m，8 孔，每孔宽 3m，净宽 24m，该出口闸位于江南区北端，排水距离长。《临海二期城市防洪工程初步设计报告》确定长石岭设置两条单宽 11m 的排洪隧洞，当前已建成一支隧洞，隧洞出口设挡潮排涝闸，净宽 35m。义城港平原当前排涝能力基本达到 5 年一遇。

表 3.29 和表 3.30 为义城港平原所属的泵站、闸坝详细情况。

表 3.29　　　　　　　　　　　　义城港平原所属泵站详情表

泵站名称	所属地	所在灌区	流量 /(m³/s)	装机功率 /kW	设计扬程 /m
狗尾巴泵站	花街村委会	牛头山水库灌区	0.31	55	10

表 3.30　　　　　　　　　　　　义城港平原所属水闸详情表

水闸名称	所属地	所在河流	闸口宽度 /m	过闸流量 /(m³/s)	设计洪水重现期 /年
红旗闸	增棚埠村委会	义城港	24	284	20
七一闸	下浦村委会	椒江	5	40	10
沿岙外 1 号河闸	沿岙村委会	义城港	5.2	21.1	10
沿岙外 2 号河闸	沿岙村委会	义城港	5.2	21.1	10

2. 义城港平原闸泵调度模型建立

（1）联合优化调度的模型建立。决策变量：义城港平原存在 1 座泵站，4 座水闸，相较于其他两个平原其模型的复杂度较低，其开闸泄流顺序也是从下游至上游逆序泄流，以保证河道安全。根据模型义城港平原联合优化调度模型的决策变量为各个水闸门至完全打开所需时间 T'_1、T'_2、T'_3、T'_4，以及各个水闸的泄流流量 Q'_{1max}、Q'_{2max}、Q'_{3max}、Q'_{4max} 和一座泵站的泄流流量 Q''_{1max}。

约束条件：义城港平原的约束条件为排水水流流速 v 小于排水管道的最大允许流速 v_{max}；水闸的泄流流量 Q'_{1max}、Q'_{2max}、Q'_{3max}、Q'_{4max} 和 1 座泵站的泄流流量 Q''_{1max} 小于水闸泵站最大允许泄流 Q_{1max}、Q_{2max}、Q_{3max}、Q_{4max}。

边界条件设置：在优化调度模型建立之后，需要进行对边界条件进行设置，对于义城港平原闸泵优化调度系统而言，需要的边界包括降水，上下游水位，蒸散发以及初始水闸、泵站的运行状况。

（2）联合智能洪水优化实时调度模型。决策变量：根据该模型义城港平原联合优化调度模型的决策变量为各个水闸门上下游的水位差 Z'_1、Z'_2、Z'_3、Z'_4 和泵站上下游水位差 Z''_1，以及水位回落至正常水位时间 T'_1、T'_2、T'_3、T'_4。

约束条件：水闸的泄流流量 Q'_{1max}、Q'_{2max}、Q'_{3max}、Q'_{4max} 和一座泵站的泄流流量 Q''_{1max} 小于水闸泵站最大允许泄流 Q_{1max}、Q_{2max}、Q_{3max}、Q_{4max}；水闸泵站的最高水位约束，水闸和泵站上、下游最高水位 Z_1、Z_2、Z_3、Z_4、Z''_1 不能超过规定的最高限制水位 Z'_{1max}、Z'_{2max}、Z'_{3max}、Z'_{4max}、Z'_{5max}。

边界条件设置：在优化调度模型建立之后，需要进行对边界条件进行设置，对于义城港平原闸泵优化调度系统而言，需要的边界包括降水，上下游水位，蒸散发以及初始水闸、泵站的运行状况。

3. 优化调度系统包含输入输出功能

应用数据：义城港平原流域河道等水文数据、泵站、水闸、隧道等工程测量数据、降水预报数据、洪水预报数据、各水库泵站、闸坝坝前的实时水位数据。

模型功能：根据提供的水文数据、观测数据以及预报数据进行防洪的调度，在洪峰来临的期间进行各河道的调度以及控制各闸坝、泵站工程的启闭，从而达到流域防洪减灾的目的（有必要时需要加入水库群进行联合调度）。

输出数据：各河道水资源的调度详情，义城港平原水闸、泵站的调度计划和调度工作情况、排洪流量等。

3.1.8.4 东部平原闸泵站联合调度方案

东部平原流域面积 215.87 km²。沿海有杜下浦节制闸、达岛节制闸、洞港节制闸等 14 座节制闸。

东部平原概化骨干河道梓林西大河、东大河、华景河、涛江河、杜下浦河等排水河道 78 条，计算河道断面 159 个，河汊 34 个，闸汊 12 个，边界 18 个。排水河道之间的调蓄水域（包括毛细河道、湖泊、田面）概化为湖泊，共计 26 个，包括水闸 25 个（加入东部平原闸泵的图）。

1. 东部平原闸泵调度情况简介

东部平原对主要排涝河道实施了疏浚整治工程，包括改造和加固了椒北干渠、椒北中渠、椒北北渠、椒北南渠、华景河、涛江河、梓林西大河、百里大河等；新建了柏加闸、建设闸、章安闸等。东部平原流域面积 300km²，其中平原 172km²，占总面积 58%，山区 128km²，占 42%，平原地面高程 2.8～3.2m。平原河流属龙溪水系。见表 3.31 为东部平原所属的闸坝详细情况。

表 3.31　　　　　　　　　　　　　东部平原所属水闸详情表

水闸名称	所属地	所在河流	闸口宽度/m	过闸流量/(m³/s)	设计洪水重现期/年
白沙纳潮闸	上盘镇	浙江沿海诸河区间	5.6		
白沙闸	上盘镇	浙江沿海诸河区间	6		
蔡岙闸	杜桥镇	百里大河	2	8	10
川礁一期排涝闸	上盘镇	百里大河	3.1		
达岛闸	上盘镇	百里大河	5.9		
大跳闸	上盘镇	浙江沿海诸河区间	2.95		
陡门头闸	杜桥镇	百里大河	3	6	10
杜下浦东闸	杜桥镇	浙江沿海诸河区间	2		
杜下浦闸	杜桥镇	浙江沿海诸河区间	5.65		
湖田三角塘闸	杜桥镇	百里大河	2	5	10
黄牛塘闸	杜桥镇	百里大河	3	6	10
回龙桥闸	杜桥镇	百里大河	3.8	15	10
解放闸	杜桥镇	百里大河	3.8	15	10
南洋坝脚节制闸	上盘镇	浙江沿海诸河区间	2.95		
上盘红卫闸	上盘镇	百里大河	5.6	24.7	10
上盘拖牛坝闸	上盘镇	百里大河	3.4	8.7	10
上盘鹰窝头控制闸	上盘镇	百里大河	6.6	20	10
上盘鹰窝头闸	上盘镇	百里大河	3.1	6.8	10
松浦闸	杜桥镇	浙江沿海诸河区间	8.7		
塘尾巴闸	杜桥镇	百里大河	2.8	8	10
西岙村 1 号水闸	杜桥镇	百里大河	3.5	12	10
西岙村 2 号水闸	杜桥镇	百里大河	2	6	10
西周浦水闸	杜桥镇	百里大河	5	15	10
小浦口闸	杜桥镇	百里大河	2	6	10

2. 东部平原闸泵调度模型建立

（1）联合优化调度的模型建立。决策变量：东部平原仅存在 24 座水闸，其开闸泄流顺序也是从下游至上游逆序泄流，以保证河道安全。根据模型东部平原联合优化调度模型的决策变量为各个水闸门至完全打开所需时间 T_1'、T_2'、…、T_{24}'，以及各个水闸的泄流流量 Q_{1max}'、Q_{2max}'、…、Q_{24max}'。

约束条件：东部平原的约束条件为排水水流流速 v 小于排水管道的最大允许流速 v_{max}；水闸的泄流流量 Q_{1max}'、Q_{2max}'、…、Q_{24max}' 小于水闸泵站最大允许泄流 Q_{1max}、Q_{2max}、…、Q_{24max}。

边界条件设置：在优化调度模型建立之后，需要进行对边界条件进行设置，对于东部平原水闸优化调度系统而言，需要的边界包括降水、上下游水位、蒸散发以及初始水闸的运行状况。

（2）联合智能洪水优化实时调度模型。决策变量：根据该模型东部平原联合优化调度模型的决策变量为各个水闸门上下游的水位差 Z'_1、Z'_2、$\cdots$、Z'_{24}，以及水位回落至正常水位时间 T'_1、T'_2、$\cdots$、T'_{24}。

约束条件：水闸的泄流流量 Q'_{1max}、Q'_{2max}、$\cdots$、Q'_{24max} 小于水闸泵站最大允许泄流 Q_{1max}、Q_{2max}、$\cdots$、Q_{24max}；水闸泵站的最高水位约束，水闸上、下游最高水位 Z_{1max}、Z_{2max}、$\cdots$、Z_{24max}、Z''_1、Z''_2、$\cdots$、Z''_{24} 不能超过规定的最高限制水位 Z'_{1max}、Z'_{2max}、$\cdots$、Z'_{24max}。

边界条件设置：在优化调度模型建立之后，需要进行对边界条件进行设置，对于东部平原闸泵优化调度系统而言，需要的边界包括降水、上下游水位、蒸散发以及初始水闸的运行状况。

3. 优化调度系统包含输入输出功能

应用数据：东部平原流域河道等水文数据、泵站、水闸、隧道等工程测量数据、降水预报数据、洪水预报数据、各水库泵站、闸坝坝前的实时水位数据。

模型功能：根据提供的水文数据、观测数据以及预报数据进行防洪的调度，在洪峰来临的期间进行各河道的调度以及控制各闸坝、泵站工程的启闭，从而达到流域防洪减灾的目的。（有必要时需要加入水库群进行联合调度）

输出数据：各河道水资源的调度详情，东部平原水闸、泵站的调度计划和调度工作情况、排洪流量等。

3.2 洪水预报调度系统设计方案

3.2.1 平台总体设计

3.2.1.1 总体架构

椒灵江流域洪水预报调度系统作为台州市水管理平台市级自建模块，整体基于台州市水管理平台的技术架构，水管理平台基于"四横三纵"总体架构进行设计，"四横"自上而下分别是全面覆盖水利业务的数字化业务应用体系、具有水利行业通用特点的应用支撑体系、数据资源体系和基础设施体系；"三纵"分别是政策制度体系、标准规范体系和组织保障体系，如图 3.27 所示。

（1）基础设施层。基础设施由台州市政务云平台提供，为系统提供基础的软件和硬件支撑平台，包括系统软件以及服务器、存储系统等硬件设施。其中系统软件分为操作系统软件、数据库软件、分布式文件系统软件、缓存软件等；硬件设施分计算资源（GPU 集群高性能服务器或百台计算机组成的超算中心）、存储资源、文件资源、网络资源。

（2）数据资源层。数据资源层即数据存储和数据处理平台，基于关系数据库存储结构化观测和预报资料，通过数据采集、文件采集和网络采集和共享各类水文、气象、工情、调度方案等信息，在此之上构建基于时间索引、空间索引和要素索引的大数据服务。

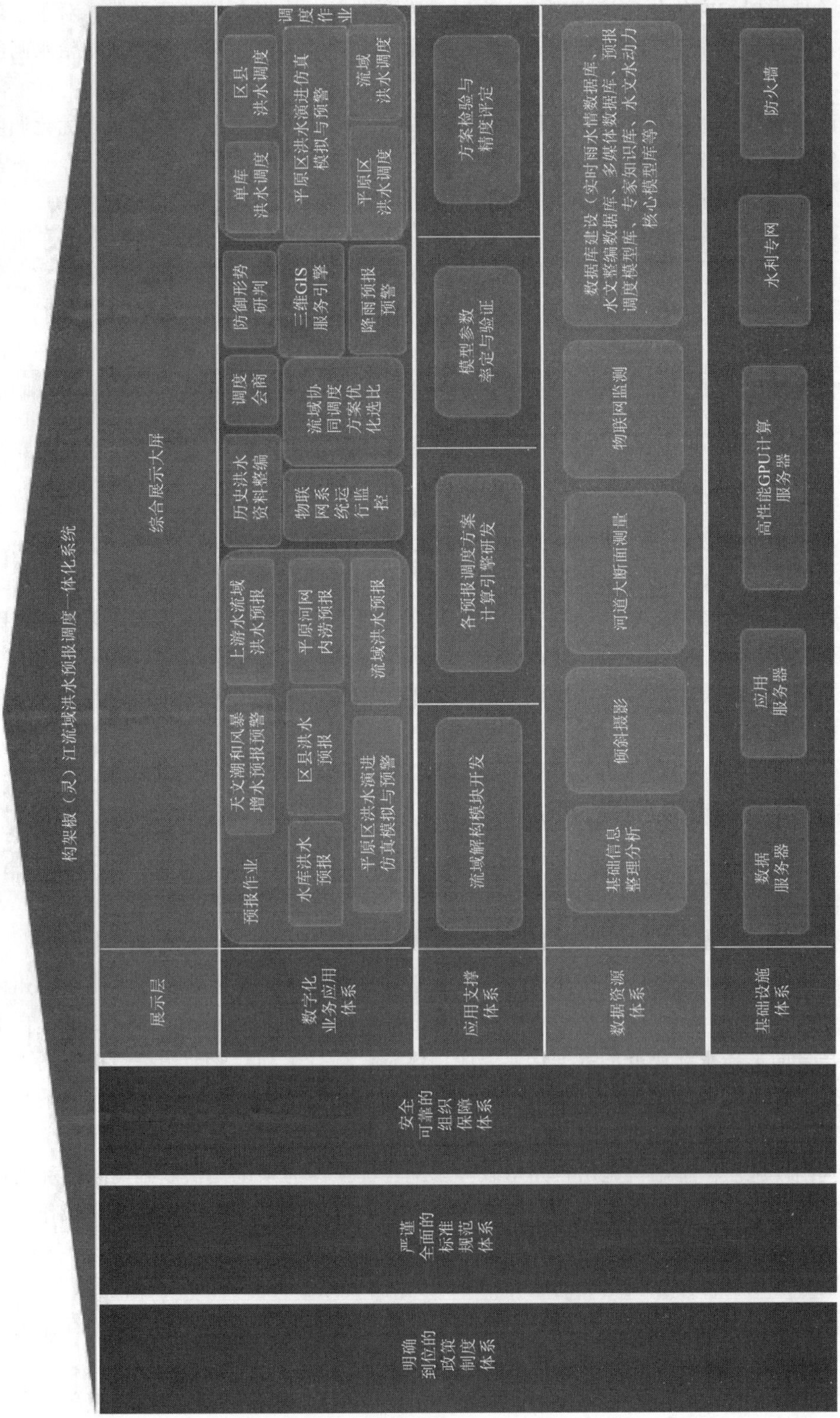

图 3.27　洪水预报调度系统框架图

（3）应用支撑层。支撑层主要提供技术框架支持和关键技术支持，技术框架主要包括负载均衡与分布式计算技术框架、基于 MQ 的分布式处理框架、展示交互技术框架、微服务架构、地理信息技术框架、数据存储技术框架；支撑关键技术主要包括计算方案管理和模型服务、响应式 WebUI 技术、基于 GPU 的高性能计算和并行计算、归一化数据模型等。

主要功能模块包括流域解构模块开发、水文水动力核心算法、预报调度方案计算引擎、模型参数率定与验证以及方案检验与精度评定。

（4）业务应用层。基于应用支撑层提供的框架支持、关键技术以及数据资源体系层提供的多种资料，结合具体业务场景，构建统一注册支持热插拔的业务接口服务集群，让前端交互层只关注接口联调本身而不必在意接口的具体逻辑以及它被部署在哪台服务器上。

（5）综合展示层。基于 VUE 开发的组件化前端为系统页面的定制化提供了框架层面的支持，借助 WebGIS、SVG 矢量化图形、HTML5、WebGL 前端硬件加速、chart 等图形展示、基于 Cesium 等 3D 展示等技术，提供友好的人机交互界面以及对水文气象工情、风险等信息生动的图形图像渲染。

（6）平台技术架构。项目采用水管理平台的技术架构。该技术架构采用前后端分离实现前后端的业务结构，前端采用组件式框架结构实现数据绑定的触发式前端交；后端采用微服务框架，实现单一服务的热插拔以及服务集群的统一管理以及监控。

3.2.1.2　技术路线

技术路线主要分为调研和需求分析、项目详细设计、软件架构开发、软件功能开发、平台部署试运行和平台正式上线 6 个环节，每个环节的主要内容如图 3.28 所示。

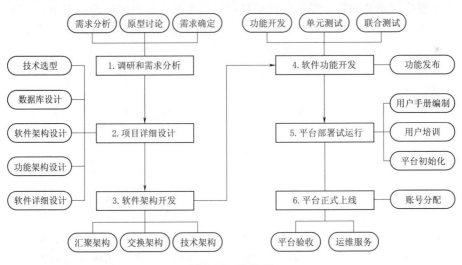

图 3.28　流程图

1. 调研和需求分析

包括业务系统原数据字典收集、用户需求调研、用户需求梳理，整编资料的收集、并通过 Axure 制作原型图方式和用户进行需求讨论，最后确定需求。

2. 项目详细设计

项目详细设计包括了技术选型，根据现有项目的数据库使用情况及未来国产化改造需要项目将采用开源的 MySQL 数据库服务器，为保障各个业务所在异构服务器及操作系统的兼容性，采用 Java 开发语言，数据采集方面采用 Hadoop 大数据解决方案。另外还包括数据资源目录设计和功能架构设计，数据资源目录设计将采用 UML 工具，并提供数据对象关系 E-R 图。

3. 软件架构开发

技术架构方案拟采用 J2EE 经典架构方案，MVC 层采用 Spring MVC 框架，前端框架采用 VUE 和 Ajax 等前端框架，缓存方案用 Redis 或 Memcache，业务层采用 Spring，数据对象层采用 Mybatis，并采用阿里巴巴的分布式服务框架技术 Dubbo 提高平台响应能力，软件架构可实现万级并发量平滑处理。

4. 软件功能开发

采用模块式开发，经单元测试和联合调试后，发布整合到完整系统功能中，通过分解，合并，再分解，再合并方式，逐渐完成整体软件开发。

5. 平台部署试运行

试运行是软件上线前的重要环节，对于试运行过程中的问题和需求调整进行及时变更后，从此保障业务系统更符合实际需求。本环节需要初始化系统、配置用户数据、编制用户手册，并且开展小规模培训。

6. 平台正式上线

正式上线是系统验收前的重要节点，需要开展正式的用户培训，已交平台开展验收，并进入运行维护环节。

3.2.1.3　性能设计

对于大型应用系统而言，系统的性能显得极为重要。这里的性能主要指稳定性和运行速度。功能再强，而性能很差，频繁宕机，系统便失去了可用性。因此，性能设计是软件中必不可少的组成部分。本次系统平台结合在大型 B/S 架构应用系统的设计经验，采取一些软件性能设计的基本方法。

3.2.1.4　运行环境

为保障数据安全的传输和资源的集约化，并切实地保证平台运行的安全运行，项目采用台州市政务云环境部署。

3.2.1.5　数据共享

水管理平台为项目提供气象水文大数据服务和预报调度计算结果存储服务等。由于洪水预报调度计算中未来降雨具有不确定性，流域风险防御工程调度方案和调度指令执行等具有不确定性，预报调度计算结果需要经过各县区和台州市的水文部门、水利局防御处相关领导和技术专家会商修正，通过审批后才允许推送到水管理平台统一对外发布水文情报预报成果。项目作为水文最核心的业务是水文情报预报，为洪涝潮风险防御抗御提供决策支持，不直接对政府各职能部门、企事业单位、社会公众提供服务。

3.2.2　数据资源体系建设
3.2.2.1　数据库设计原则

数据库设计是建立数据库及其应用系统的技术，是信息系统开发和建设中的核心技术。由于数据库应用系统的复杂性，为了支持相关程序运行，数据库设计就变得异常复杂，因此最佳设计不可能一蹴而就，而只能是一种"反复探寻，逐步求精"的过程，也就是规划和结构化数据库中的数据对象以及这些数据对象之间关系的过程。数据库的生命周期主要分为四个阶段：需求分析、逻辑设计、物理设计、实现维护。主要关注数据库生命周期中的前两个阶段（需求分析、逻辑设计），还会涉及反范式化设计的一些内容。

3.2.2.2　数据资源分类

资源目录体系是整个信息资源共享和开发利用的基础，按照统一的标准规范，对分散的信息资源进行调查与梳理，形成统一管理和服务的数据资源目录，为使用者提供统一的数据资源发现和定位服务，建立整个数据资源共享和开发利用的基础。

3.2.2.3　数据库设计

本次项目数据库建设包括对工程已有各类数据的收集整理、已建各类业务系统数据进行集成、数据整编入库等工作。从水情、工情、视频监视、安全监测、自动化控制等实时监测信息，到社会经济信息、地理信息、档案资料、工程资料、工程管理资料、水文水生态以及办公多媒体等数据。

系统综合数据库分为监测数据库、业务数据库、基础信息数据库、空间数据库及多媒体数据库。

3.2.2.4　数据库管理与维护

数据中心建设项目不同于一般的信息化工程项目，建设项目竣工验收时只是建立了一个结构、平台、机制和汇集了初始数据源，大量的数据维护更新及补充、数据应用服务开发和数据使用管理等工作是一次性工程项目完成之后的长时期常态化事情。因此，必须结合数据中心技术设计提出今后数据中心管理发展策略、运行机制、管理措施，为今后建立数据中心长效运行维护机制奠定阶段性设计基础。其中围绕数据维护与管理制定管理策略并结合数据维护与管理软件系统的使用开展管理机制建设是核心工作。

3.2.3　系统功能设计

本次系统平台主要服务于台州市各级防汛部门在防台、防汛的日常工作，主要一级功能点包括：流域信息管理、预报作业、调度作业、防御形式研判、调度会商、历史洪水管理等六项，并含一块综合展示大屏。二级功能点划分如图 3.29 所示。

3.2.3.1　流域信息管理

流域信息管理为项目所有预报调度方案计算引擎定制提供编辑与管理，流域解构主要是基于 3S 技术、面向算法模型，提供流域地理信息管理、水利空间信息和属性信息一致性管理、流域解析与拓扑重构等编辑工具集，最终目标是基于信息分类和编码等技术，提取水文模型、水动力模型基本信息、计算流程自动逻辑控制、模型输入输出接口的系统综合性管理，是保证系统具有可持续修正和拓展应用能力的基础性模块，需要采用空间信息离散技术，提供包括流域流水网编辑流域单元面划分、水动力模型结构管理、预报点管理等。

主要功能包括：监测信息管理、驱动数据管理、子流域管理、模型库管理等四项。

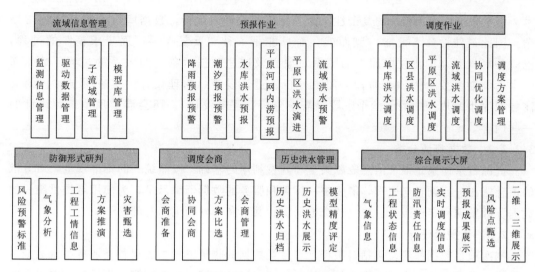

图 3.29　系统一级功能点与二级功能点划分图

1. 监测信息管理

（1）物联网监测管理。主要针对流域内的水雨情监测站点、闸门开度等水利工程工情监测点进行管理与展示。在该功能中，各类物联网监测站点将按图层分别展示于基础底图上。点击单个站点，可管理站点信息包括：站点名称、坐标信息、测站类型、警戒阈值、历史极值、关联子流域及权重（雨量）、工况（如闸门开度）等信息。水库、沿海节制闸等工程，参照水位站进行管理。

（2）预报断面管理。系统支持按标准格式批量导入椒（灵）江流域内所有河流的预报点数据；自动生成各预报点编码和在本河流的里程等信息。预报点基本信息参照水文测站水位站进行管理，各河流预报点必须具有河道大断面和高程基准等资料。

本功能提供数据输入输出、人工交互编辑、基于三维地形图符号化等功能。

2. 驱动数据管理

（1）DEM 管理（含河道断面）。导入流域内的基础地形资料，包括等高线、高程点、堤防等特征线，导入无人机倾斜摄影测量 DEM 数据，导入陆上和水下地形和大断面测量数据，编辑椒灵江流域 DEM；根据一维水动力建模和洪涝风险可视化需求，编制大断面的空间位置，自动提取各大断面信息；提供 DEM 和大断面标准化管理功能等。

（2）降雨管理。

1）实时降雨管理。依据已接入系统的雨量遥测站点，系统提供界面用于关联雨量站点与子流域，并基于泰森多边形进行权重配置，从而完成子流域内的点—面雨量转换。

此外，为了提高输入的实时雨量数据的可靠性，系统提供异常雨量甄别功能，对于存在单点极值情况雨量站点，系统在实时预报过程中将在操作界面跳出提醒窗口，用于提醒用户可能存在的异常值情况，并暂停实时滚动预报。经用户确认后，使用修改或原始数据继续用于模型计算。

2）预报降雨管理。根据气象预报降的时空分布，基于气象降雨预报建立流域降雨数据时空分配算法模型。由于流域内地貌的多样性和未来降雨的不确定，以气象降雨预报数据为基础，采用多源数据融合、时空数据融合等方法，建立流域降雨数据时空分配算法模型。此外，系统提供气象预报中降雨预报和临近降雨预报的网格点编辑、卫星云图和雷达图的坐标系统配准、各类雨量时空分布图的算法配置。

系统输出的预报降雨数据为栅格数据，通过统一坐标系统（CGSC2000），系统可实现预报降雨数据与子流域的叠加，并自动生成子流域面雨量。

（3）蒸发管理。系统提供流域内所有蒸发站点基本信息以及蒸发长序列资料的管理功能，用户可基于现有历史蒸发资料，确定典型年的每日蒸发值，并关联子流域。

（4）潮位管理。为了更好地控制管理预报模型的下边界条件，系统支持对下游潮位监测站点及预报潮位过程进行管理。用户可依靠系统建立一个或多个虚拟下游边界断面，并将其与单个或多个潮位站点进行关联，基于算术平均或等距离加权等方法生成潮位过程。

对于预报潮位预报结果，系统预留标准接口，可接入一维、二维形式的预报潮位数据，并将其与已建立的下游边界断面进行关联。

（5）驱动方案管理。基于上述多种驱动数据，系统提供方案管理界面，帮助用户实现驱动数据应用管理。具体示意图如 3.30 所示。

3. 子流域管理

（1）子流域划分。系统支持用户将线下处理完成的子流域的 SHP 文件导入至系统中，并在二维地图上进行展示。基于在线水系图，用户可将划分后的子流域与河段进行关联，并更新流域编码，同时依据子流域关联的河道信息，可建立子流域的上下游拓扑关系。

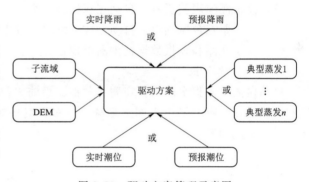

图 3.30 驱动方案管理示意图

（2）子流域特征。流域特征管理主要分为流域下垫面管理、数据驱动管理和网格管理。

1）下垫面管理。通过定义流域下垫面类型，包括：地貌类型、土壤类型、地质结构、植被覆盖类型和覆盖度、土地利用等，来确定流域水文及水动力模型相关参数。

2）网格管理。依据子流域区域内的 DEM 数据，以及交通路网、各类构筑物等，根据模型计算采用的二维水动力模型技术标准等，实现编辑各个子流域的水动力模型二维计算网格，提取各网格土地利用的类型等数据；提供二维计算网格编辑和展示功能。

3）边界条件设置。系统依据子流域上下游的拓扑关系，自动生成需要输入的边界位置，用户可依据预报方案设置边界条件。

4. 模型库管理

（1）模型实现。依据上文提到的各类模型理论基础，本项目将基于 C++、Python、Fortran 等语言，编译各类模型算法，并统一生成 DLL（动态链接库），用于系统平台调用。

（2）版本更新。为延长系统生命周期，提升模型算法的可拓展性，系统将为用户建立预报与调度相关的水文、水动力、优化算法模型库。用户可在线下以 DLL 的形式对模型算法进行修改封装，并通过系统进行模型库更新，对于更新事件系统将自动监测并形成系统日志，同时对不同类型的模型实现版本号管理。

3.2.3.2 预报作业

预报作业根据实时预报计算专业要求定制界面，数据来源为水情预报调度专题数据库，基于三维 Web GIS 技术提供数据可视化和查询检索服务。需要自动接入水位雨量观测数据、降雨预报数据等，基于降雨预报数据更新、自动滚动预报作业管理规则，自动启动预报作业，提供人工交互预报作业服务。预报作业模块主要功能需求如下。

1. 降雨预报预警

本功能中数据来源为水情预报调度专题数据库和历史洪水数据库。根据气象预报数据，包括降雨和风速风向网格预报、雷达观测等数据，以及相似洪水降雨历史资料等，预报流域未来各水文计算分区 72h 逐时降雨时空过程；基于观测和预报雨量提供临界雨量预警。

2. 潮汐预报预警

预报沿海、椒（灵）江干流的潮位变化过程。模块主要功能需求如下：

（1）接入潮汐观测资料，自动完成近海天文潮预报。

（2）自动跟踪台风预报，自动完成近海增水过程滚动预报。

（3）基于观测和预报数据提供潮位预警。

3. 水库洪水预报

自动接入水库集水区降雨观测和预报、坝前水位数据；自动预报水库入库流量过程、坝前水位变化过程；提供入库水量统计、多方案比对分析等。根据水库洪水风险预警标准，自动生成预警信息。

4. 平原河网内涝预报

自动接入降雨观测和预报数据、滨江（沿海）潮位预报数据、上游小流域出口流量预报数据、闸站上下游水位观测数据，降雨观测和预报数据更新、闸站调度工况更新，自动完成内河预报断面和各闸站闸上闸下水位流量过程，根据预报点的观测、预报水位流量，提供河道水情预警；提供水位流量特征值统计、多方案比对分析等。

5. 平原区洪水演进

自动接入降雨观测和预报数据、滨江（沿海）潮位预报数据、上游小流域出口流量预报数据、闸站上下游水位观测数据，降雨观测和预报数据更新、闸站调度工况更新，自动完成平原区二维洪涝淹没仿真模拟；提供河网水位流量特征值统计、多方案比对分析等。

6. 流域洪水预警

依据椒（灵）江流域洪水风险预警标准，根据水情观测预报数据自动生成全流域洪潮涝风险全景预警；自动接入全流域水文（潮位）、沿海及干流潮位、闸站观观测和预报数据等，根据洪水预报作业标准等自动生成洪水预报计算方案并完成全流域洪潮涝预报计算，提供人工交互预报服务。

3.2.3.3 调度作业

调度作业计算根据预报计算结果，以及各防御区洪水风险防御目标和调度原则（或预案），自动生成调度计划，提供调度计划编辑。自动选择或人工交互编辑洪水预报和调度计划计算方案，自动计算预报点水位流量变化过程等。

1. 单库洪水调度

单库调度计算，提供水库调度计算结果统计，包括最大雨量、坝前最高水位、最大入库流量、预泄水量、拦蓄水量、泄洪量、预警类型和延续时长等统计，提供多方案比对分析等。

2. 区县洪水调度

自动接入水库调度计算结果；根据区县洪水风险防御目标和调度原则（或预案）等，自动生成洪水调度方案，提供水库调度计划编辑；提供水库、河道预报点调度计算结果统计，包括水库调度特征值统计分析，河道预报点水位流量特征值统计分析；提供多方案比对分析，提供自动调度方案优化快速生成和人工交互编辑；提供多方案比对分析等。

3. 平原区洪水调度

自动接平原区洪水演进模拟计算结果，根据平原区洪水风险防御目标和调度原则（或预案）等，自动生成排涝调度方案，提供调度计划编辑；自动完成平原区二维洪涝淹没调度模拟，提供淹没水深、淹没历时分级分时特征统计；提供自动调度方案优化和人工交互编辑；提供多方案比对分析等。

4. 流域洪水调度

自动接入椒（灵）江流域洪水预报计算结果；根据水库、河道、平原区洪水风险防御目标和调度原则（或预案）等，自动生成防洪排涝调度计划，提供调度计划编辑；提供水库、河道预报点调度计算结果统计，包括水库调度特征值统计分析，河道预报点水位流量调度特征值统计分析；提供自动调度方案优化算法和人工交互编辑；提供多方案比对分析等。

5. 协同优化调度

以流域骨干河道为纲，以承担调洪任务的水库作为上边界，以沿海和椒（灵）江河口为下边界，接入各小流域出库预报流量和闸站排涝流量，以各河道预报断面、险工险段大断面作为水安全风险侦测参考点，采用一维、二维水动力模型快速计算各参考点的水位流量，建立水陆统筹的全流域风险侦测模型、水灾害评估模型，根据流域风险最小化、灾害损失最小化等多目标调度目标，基于流域河道洪潮演进特征建立流域协同调度计划最优化模型，以水库预泄预降调度、水库拦蓄调度、库群错峰调度为调控手段，提供调度计划编辑管理，并利用一维、二维水动力模型进行检核；基于二维、三维 GIS 计算，提供调度计划计算结果展示和调度计划对比分析等。

6. 调度方案管理

对于需要比选的初选调度方案，系统将提供调度方案的增删改查功能。在确认最终调度方案后，系统将自动将该方案进行保存。

3.2.3.4 防御形势研判

防御形势研判模块是为满足日常调度、控制区域防御形势研判。防御形势研判模块应能够综合控制区域内的水情、雨情、气象以及周边节点工程的调度状况，为椒灵江流域调度决策提供决策支撑，也为区域联合控制运行提供流域防汛形势边界，通过形势分析，提供当前本工程运行关心的流域汛情总体状况及关键信息，为确定目前流域的调度决策提供支持。

1. 风险预警标准

提供流域各项风险预警标准管理维护，包括水情预警标准、雨量预警标准、流量预警标准等。

以不同颜色的地图图标颜色标识测点预警状态，测点预警状态分为正常、一级预警、二级预警、三级预警四个等级，绿色图标表示正常状态，黄色图标表示一级预警状态，橙色图标表示二级预警状态，红色图标表示三级预警状态。

2. 气象分析

通过接口服务调用气象局相关数据，以文本、图片、表格以及在电子地图上标识等方式显示区域气象信息，为业务管理人员提供短历时降雨及预警信息。天气预报功能使用气象部门提供的气象数据。显示一段时间内的天气情况，包括温度、降雨、风向、风力等信息。能在短时内将灾害性天气预报、警报传递到用户，使用户及时采取相应的紧急措施。

此外，降雨信息作为展示重点，将基于市水利一张图自动展示该对象时空范围内的关联数据信息，包括实时降雨信息、降雨预报、区域范围内江河水库水位、历史同期降雨等，并对辖区降雨进行态势分析，呈现辖区网格降雨分析、降雨距平分析、区域降雨排名、历史同期降雨对比分析等，提供直观、快速的查看功能，掌握辖区降雨实况及影响态势信息，为制定防灾减灾决策提供辅助支持。

3. 工程工情信息

基二维 GIS 平台实时展示各类实现物联网的水利工程的地理位置，如大中型水库、大中型闸站等。以及各大中型水库的实时工况信息，包括：库水位、纳蓄能力、泄洪闸开度和泄洪流量，各闸站闸上闸下水位、闸门开度、水泵开关机状态和过闸流量，实时跟踪闸门的调度状态，记录闸门操作记录。综合展示椒灵江流域水文气象工情数据。

4. 方案推演

利用已完成的调度方案成果，基于二维底图进行洪水全区域全过程推演，重点区域进行三维展示，并提供多方案对比功能。

5. 灾害甄选

通过预设风险预警标准，基于各类预报及调度作业结果，智能甄别并展示全流域水库、河道、沿海潮汐等可能存在的水灾害风险。

3.2.3.5　调度会商

通过会议的形式，以群体（包括会商决策人员、决策辅助人员以及其他有关人员）会商的方式，从所做出的水资源应急调度方案中，协调各方甚至牺牲局部保护整体利益的原则，进行群体决策，选择出满意的应急响应方案并付诸实施。系统主要提供会商准备、协同会商、方案比选、会商管理等功能。

3.2.3.6　历史洪水管理

数据来源为水情预报调度专题数据库，目标数据库为历史洪水数据库。历史洪水资料整编，通过界面输入数据入库时间的开始时间和结束时间后，自动将自动生成洪号并将该时间段内的气象水文工情等数据导入历史洪水数据库。

基于洪号提供历史洪水数据的查询和展示，提供典型历史洪水气象、水文、工程调度数据整编、检索和展示等。

此外，对于已经完成归档的历史洪水，可依据实测洪水信息对洪水精度进行评定。

3.2.3.7 综合展示大屏

1. 气象信息

基于实测及预报水雨情信息，在流域水系分布底图上叠加降雨等值线图、暴雨中心、重要水雨情站来水过程线，同时以图、表分别统计降水来源百分比、子流域累计降雨量以及降雨特征值。

此外，在大屏中还将接入台风路径模块，当有预测台风进入影响区域时，在底图上显示气象部门提供的当前最新台风实时路径信息、当前风力、预测风力、影响范围等实现对台风的实时预警，提醒运行人员对工程运行防台工作做出提早决策。

2. 工程状态信息

基于物联网接入各个工程的运行状态数据，可查看各类水利工程的实时运行状态，如堤防安全、水库的实时纳蓄能力、水闸泵站实时及最大排涝能力等信息。

3. 防汛责任信息

梳理防汛工作组织架构信息，以树状图形式分区域显示，逐级细化，落实到岗。

4. 实时调度信息

大屏实时滚动播放已发布的各类相关调度信息。

5. 预报成果展示

通过预设重点关心区域或河道，接入相关预报断面或流域骨干防洪工程的预报水位过程，在大屏上显示预报洪水过程线及可能的淹没范围。

6. 风险点甄选

依据预设风险预警指标，通过预选调度方案，对区域易涝、易淹等风险区域进行底图标识。

7. 二维/三维展示

基于预报及调度计算成果，在二维底图中进行预报洪水演进全过程成果展示，重点区域进行三维展示。

3.2.4 系统集成

系统集成包括网络集成、数据集成、业务系统集成、接口集成、安全系统集成、辅助系统集成等。

3.2.4.1 网络集成

本项目部署在台州市电子政务云，租用政务云的网络，网络配置和管理维护由政务云提供。

3.2.4.2 数据集成

1. 集成方式

数据集成是把不同来源、格式、特点性质的数据在逻辑上或物理上有机地集中，从而为项目提供全面的数据共享，采用联邦式、基于中间件模型和数据仓库等方法来构造集成的系统，在不同的着重点和应用上解决数据共享问题。负责系统业务数据库、工作流数据库、元数据库以及其他数据库的集成、调试。

2. 数据安全保密

数据安全对本系统来说尤其重要，数据在网络上传输，很难保证在传输过程中不被窃取、篡改。数据安全保密规划确保数据交换网络传输过程敏感信息的安全性和完整性，保护这些敏感数据在使用、传输过程中高度的强壮性、保密性、完整性和不可抵赖性。

3.2.4.3　业务系统集成

审核确认详细的应用系统开发规范和方案，包括统一的软件体系架构、数据库接口、应用系统接口、数据交换接口等。负责支撑软件以及应用系统的部署集成，以及与水管理平台的数据融通，与水利数据仓的数据共享交换等内容。

3.2.4.4　接口集成

1. 系统内部接口

将不同通信协议、不同接口标准的，基于各种不同平台的水利工程监测设备上报的监测数据等，集成到一个无缝的、并列的、易于访问的系统中，并使它们就像一个整体一样，进行业务处理和信息共享，包括数据库、业务逻辑以及用户界面三个层次的集成。

2. 集成接口设计

动态监测数据采用实时数据总线的方式，交换数据量较大的采用数据库对接的方式，交换数据量较小的情况采用接口的方式，项目采用严格的接口开发规范，包括查询类接口、操作类接口、推送类接口等。

3.2.4.5　安全系统集成

1. 网络安全防护设备及防护软件

用来防止外来非法入侵对系统内部的攻击，分组过滤检查所有流入网络内部的信息，拒绝所有不符合准入规则的数据，并检查用户登录的合法性。

2. 角色管理和身份认证

通过对系统功能模块的划分，不同的模块对不同的角色有访问权限控制，从而限制不符合身份和权限的用户对该功能模块的访问。

3. 数据加密技术集成

把重要数据通过技术手段加密后再往数据库发送，将信息编码为不易被非法入侵者阅读的形式来保护数据的安全。

3.2.4.6　信创产品适配方案

系统集成适配主要包括服务端、客户端两个部分集成适配。系统集成采用的调优策略含日志机制、应用开发优化策略，信创数据库优化策略、信创中间件优化策略、智能RIA 客户端技术策略、服务端失效转移策略和负载均衡策略等。

终端适配主要工作是在国产化终端上，让平台能够在国产化浏览器、办公套件、版式软件、第三方软件、外设等终端环境能够稳定、可靠的运行。

3.2.5　系统部署

3.2.5.1　B/S 架构开发

平台应采用 B/S（浏览器/服务器）架构，服务器与浏览器和移动端的通信宜采用HTTP Service 或 Web Service 方式通信，并以 JSON 或 XML 的数据格式进行数据交换。

部署服务器中除必要的 Web 服务器和数据库服务器，可考虑设置负载均衡器。浏览器端和移动端不直接访问 Web 服务地址，而通过访问负载均衡器再由负载均衡器发起请求和分发，以此实现对汛期系统的高并发量进行平滑处理。

3.2.5.2 云端 SaaS 模式部署

平台建议采用 SaaS 模式部署，基于多租户技术（Multi‐Tenancy technology）实现多水库用户环境下共用相同的系统或程序组件，且确保各水库用户间数据的隔离性。

3.2.5.3 灾备机制设计

开发单位需定期对主机系统软件、数据库软件、业务层软件进行备份，每天在线备份一次，每月离线对数据库进行全库备份。在对应用系统作出重要修改时，应及时备份应用数据，对备份数据库的存取和使用要加强监督和管理。

3.3 安全建设方案

项目参照信息安全等保（信息系统网络安全等级保护）三级对整个项目的安全体系进行设计，项目安全体系建设分为技术安全要求和管理安全要求两大部分。

技术安全要求：基础环境安全、应用安全、数据安全等；其中基础环境安全由台州市政务云平台提供保障。

管理安全要求：安全管理制度、安全管理机构、人员安全管理、安全运维管理以及用户数据与应用权限等。

3.4 调度模型建设

3.4.1 单库防洪优化调度

防洪调度的任务艰巨，根据水库本身和下游防护点设计的防洪要求（指设计标准，防洪特征水位，下游河道允许的安全泄流量），根据自然地理条件，洪水特性及工程状况，利用一切有用的信息和先进的计算、通信设备，拟定合理的调度方式（又称泄流方式）和编制防洪调度规则等，在保证水库及下游防洪安全的前提下尽量蓄水兴利。在水库的防洪调度目标中，最重要的调度目标是保障大坝的安全，其他的调度目标都是以此为前提和基础的。水库大坝安全事故基本都是由洪水超过大坝的最高水位引起的，过高的水位会造成溃坝，因此，坝前水位的高低对水库大坝的安全起着至关重要的作用。

3.4.1.1 单库防洪优化调度模型构建

水库调度目标函数的确定对水库调度起非常重要的作用，合适的目标函数可以增加水库防洪效益，最大程度减少洪灾带来的损失。本部分的研究目的是基于椒（灵）江流域干流的各水库，同时结合洪水预报结果，构建各水库的防洪调度模型。以单位时段内水库的下泄流量作为决策变量，根据各水库的工程特性以及现有的控运计划，综合考虑水库自身安全和下游重要防洪控制断面的安全，确定优化目标。

1. 目标函数

考虑的两个目标函数如下。

（1）目标函数 F_1：在有区间入流时，下游防洪控制断面的洪峰流量最低。

$$F_1 = \min(\max Q_t), \quad t = 1, 2, \cdots, T \tag{3.5}$$

式中　Q_t——第 t 时段水库的下游防洪控制断面流量值；

　　　t——防洪调度过程中的第 t 个时段；

　　　T——整个调度过程的时段总数。

（2）目标函数 F_2：防洪调度过程中，水库中最高水位最低大坝安全调度的目标为使坝前最高水位达到最低值，目标函数见下式：

$$F_2 = \min(\max Q_t), \quad t = 1, 2, \cdots, T \tag{3.6}$$

式中　Q_t——第 t 时段水库的下游防洪控制断面流量值；

　　　t——防洪调度过程中的第 t 个时段；

　　　T——整个调度过程的时段总数。

2. 约束条件

（1）水量平衡方程约束。

$$V_{t+1} = (I_t - Q_t)\Delta t + V_t \tag{3.7}$$

式中　V_{t+1}——$t+1$ 时段需水量；

　　　I_t——t 时段水库的平均入库流量，入库流量需结合洪水预报结果进行确定，通过对未来洪水的预报，确定未来时段的平均入库流量；

　　　Q_t——水库 t 时段内的平均下泄流量；

　　　Δt——蓄水变化量的时间；

　　　V_t——t 时段蓄水量。

（2）水库水位约束。

$$Z_{\min} \leqslant Z_t \leqslant Z_{\max} \tag{3.8}$$

式中　$Z_{\min}$——调度的最低水位即死水位；

　　　Z_t——t 时刻的调度水位；

　　　$Z_{\max}$——水库调度过程中的最高水位。在水库防洪调度中不同频率洪水的最高水位 $Z_{\max}$ 取不同值。

（3）水库下泄能力约束。

$$Q_t \leqslant Q_{\max}(Z_{t,a}) \tag{3.9}$$

式中　Q_t——第 t 个时段出库流量的平均值；

　　　$Z_{t,a}$——第 t 个时段水库水位平均值，$Q_{\max}(Z_{t,a})$ 为最大下泄流量。

（4）水库下游防洪安全约束。

$$Q_t \leqslant Q_{an} \tag{3.10}$$

式中　Q_t——t 时段水库泄量；

　　　Q_{an}——下游防洪的安全泄量。

水库泄流量如果大于下游防洪的允许泄流量 Q_{an}，会对下游安全造成威胁，水库在防洪调度过程中大坝安全占首要地位，应在保证大坝安全的前提下尽可能不超过下游防洪的安全泄量，否则可能造成下游更大的损失。因此，防洪安全约束不是硬性的约束条件，应视具体情况具体分析。

（5）水库泄流平稳性约束。

$$|Q_{t+1}-Q_t|\leqslant \Delta q \tag{3.11}$$

式中　Q_t——t 时段水库泄量；

　　　Δq——相邻时刻最大变幅上限。

（6）非负约束。

$$Q_t\geqslant 0 \tag{3.12}$$

3.4.1.2　单库防洪优化调度案例分析

根据收集到的历史洪水的特点，为验证优化调度模型的合理性和有效性，本书选取 2019 年"利奇马"洪水、2004 年"云娜"洪水、2016 年"莫兰蒂"洪水为代表洪水，分析对比在不同洪水量级情况下、不同涨水时段下的调度方案，并评判优化调度的有效性。同时考虑水库不同起调水位对整个调度过程的影响，已知防洪汛限水位是水库汛期允许兴利蓄水的上限水位，是为了保障水库防洪库容的正常使用而设定的一个水位，通常是防洪调度时的起调水位。但根据历史洪水经验，水库通常也会在汛期之前将水位预先降低，使其低于防洪汛限水位，以更好地拦蓄洪水，降低洪水带来的风险，在本报告中将降低后的水位称为一般情况下的起调水位，简称一般水位。本书分别以水库在各自洪水来临前的一般水位和汛限水位作为起调水位，分析优化调度结果。

1. 模型求解及方案筛选的参数配置

由于里石门水库和龙溪水库均位于始丰溪流域，且均需考虑下游防洪控制断面——前山大桥断面，因此将里石门水库和龙溪水库的调度过程联合考虑。单库防洪优化调度模型以下游防洪控制断面洪峰流量最小化和调度过程中水库水位最小化为优化目标，采用 NS-GA-UI 算法求解模型，算法的参数设置为：种群规模为 100，迭代次数为 100，采用二进制编码。

在求解模型之后可获得多组帕累托解集，本书基于组合赋权、主客观结合的多属性决策方法对优化配置后的方案进行分析排序，采用层次分析法确定各指标的主观权重，采用信息炳权法确定客观权重，然后采用线性加权平均方法得出：

组合权重，作为各指标重要程度的判别依据。选定下游防洪控制断面洪峰流量以及调度期间水库的最高水位作为多属性决策中的评判指标。

对帕累托解集对应的各评判指标值进行预处理实现归一化后，利用嫡权信息法获得各指标的离散程度，确定其在综合评价中的影响。为分析对比不同决策偏好下的调度方案，按照偏好设定各水库对应的三种判断矩阵：

优先考虑降低下游洪水风险，即下游防洪控制断面洪峰流量最小化；优先考虑降低水库及上游洪水风险，即水库在调度期内最高水位最小化；均衡考虑水库的上游和下游风险。

（1）里石门和龙溪水库的判断矩阵。由于里石门和龙溪水库同位于始丰溪流域，将两个水库的调度过程联合起来考虑，且在下游与两个水库距离最近的防洪控制断面为前山大桥断面，该断面的流量可以更好地展现水库调度对下游洪水风险降低的效果，因此筛选方案时考虑的指标为前山大桥断面洪峰流量、里石门水库最高水位以及龙溪水库最高水位。三种决策偏好下对应的判断矩阵如下所示。

1）优先考虑降低下游洪水风险。

$$\boldsymbol{A} = \begin{bmatrix} 1 & 9 & 1 \\ 1/9 & 1 & 1 \\ 1 & 1 & 1 \end{bmatrix} \qquad (3.13)$$

2）优先考虑降低水库及上游洪水风险。

$$\boldsymbol{A} = \begin{bmatrix} 1 & 1/9 & 1 \\ 9 & 1 & 1 \\ 1 & 1 & 1 \end{bmatrix} \qquad (3.14)$$

3）均衡考虑水库的上游和下游风险。

$$\boldsymbol{A} = \begin{bmatrix} 1 & 1 & 1 \\ 1 & 1 & 1 \\ 1 & 1 & 1 \end{bmatrix} \qquad (3.15)$$

（2）下岸水库的判断矩阵。由于下岸水库位于永安溪流域上，且在下游与下岸水库最近的防洪控制断面为横溪大桥断面，该断面的流量可以更好地展现水库调度对下游洪水风险降低的效果，因此筛选方案时需考虑的指标为横溪大桥断面洪峰流量、下岸水库最高水位。三种决策偏好下对应的判断矩阵如下所示：

1）优先考虑降低下游洪水风险。

$$\boldsymbol{A} = \begin{bmatrix} 1 & 9 \\ 1/9 & 1 \end{bmatrix} \qquad (3.16)$$

2）优先考虑降低水库及上游洪水风险。

$$\boldsymbol{A} = \begin{bmatrix} 1 & 1/9 \\ 9 & 1 \end{bmatrix} \qquad (3.17)$$

3）均衡考虑水库的上游和下游风险。

$$\boldsymbol{A} = \begin{bmatrix} 1 & 1 \\ 1 & 1 \end{bmatrix} \qquad (3.18)$$

（3）牛头山水库的判断矩阵。牛头山水库位于灵江支流大田港逆溪上，受现有数据资料的限制，筛选方案时考虑的指标为牛头山水库的最大泄流量和水库在调度的最高水位。三种决策偏好下对应的判断矩阵如下所示：

1）优先考虑降低下游洪水风险。

$$\boldsymbol{A} = \begin{bmatrix} 1 & 9 \\ 1/9 & 1 \end{bmatrix} \qquad (3.19)$$

2）优先考虑降低水库及上游洪水风险。

$$\boldsymbol{A} = \begin{bmatrix} 1 & 1/9 \\ 9 & 1 \end{bmatrix} \qquad (3.20)$$

3）均衡考虑水库的上游和下游风险。

$$\boldsymbol{A} = \begin{bmatrix} 1 & 1 \\ 1 & 1 \end{bmatrix} \qquad (3.21)$$

2. 单库防洪优化调度结果

本书以防洪汛限水位作为起调水位为例。

（1）里石门水库和龙溪水库调度结果。始丰溪流域需考虑的重要防洪控制断面包括前山大桥断面、天台断面以及沙段断面，但由于里石门水库下泄流量演进到天台和沙段断面需要较长时间，且有较大的区间入流，因此综合考虑上游和下游的防洪风险，以前山大桥断面洪峰流量最大化、里石门水库最高水位最小化以及龙溪水库最高水位最小化为优化目标，求解得到的帕累托解集关系曲线如图3.31和图3.32所示。由图可知，由NSGA-Ⅲ算法求得的非劣解前沿分布均匀。优化目标1和优化目标2之间存在明显的冲突关系，但与优化目标3之间并无明显的冲突关系。由此可以说明里石门水库相较于龙溪水库，有着更大的防洪调度能力，与下游防洪控制断面的流量有着更明显的相关关系。

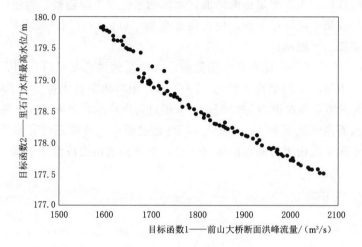

图3.31 帕累托解集在前山大桥断面洪峰流量与里石门水库最高水位的分布图

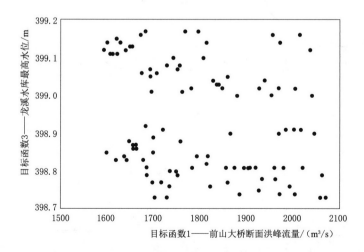

图3.32 帕累托解集在前山大桥断面洪峰流量与龙溪水库最高水位的分布图

（2）依据多属性决策方法，从帕累托解集中筛选出三组代表方案：

方案一：优先考虑降低前山大桥控制断面洪峰流量。

方案二：优先考虑降低水库最高水位。

方案三：选择两个指标的均衡解。

根据优化后的方案可以得出，在经过优化调度之后，可以实现对下游防洪控制断面和水库自身安全的综合考虑。在调度初期，水库通过预泄降低水位，为后续的洪水到来做准备，由于起调水位为汛限水位，结合控运计划，预泄阶段仅可通过开启泄洪洞以及发电流量进行下泄，因此里石门水库前期的下泄流量在 200m³/s 下波动，龙溪水库以发电流量下泄，随着入库流量逐渐增加，水库水位随之上升，当上升至汛限水位之后，即可开启溢洪道闸门进行下泄，下泄流量有明显的增加，且考虑到下游防洪控制断面的安全，水库在区间流量洪峰之前降低下泄流量，避免与区间洪峰流量相遇，实现错峰以降低防洪控制断面的流量，洪峰过后，入库流量逐渐降低，水库的水位呈下降趋势，为迎接下一场洪水的到来，水库仍会按照一定流量下泄，使在调度末期尽可能回落到汛限水位。图 3.33 为三组调度方案的调度结果展示。

1) 方案一结果分析。在优先考虑降低前山大桥断面洪峰流量时，即方案一，里石门水库在调度过程中可达到的最高水位为 179.73m，距离防洪高水位 180.69m 的限制仍有 0.96m，龙溪水库的最高水位为 398.55m，未超过防洪高水位 398.81m；按照此方案调度后的前山大桥断面洪峰流量为 1710.8m³/s，略超过前山大桥断面的安全泄量 1479m³/s，由于从里石门水库至前山大桥断面的区间入流，演进到前山大桥已达 1329.93m³/s，且里

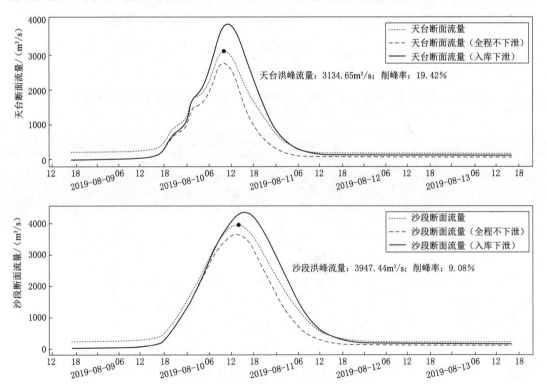

图 3.33（一）　里石门水库和龙溪水库优化调度方案结果图（方案一）
（2019 年利奇马洪水-汛限水位起调）

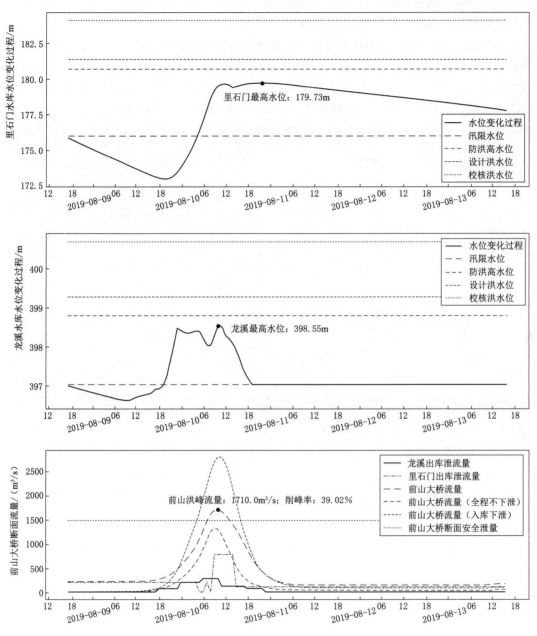

图 3.33（二）　里石门水库和龙溪水库优化调度方案结果图（方案一）
（2019 年利奇马洪水-汛限水位起调）

石门水库在洪峰到来之前已经降低下泄流量以尽可能降低控制断面的流量，在里石门水库和龙溪水库调用防洪能力的情况下，使得前山大桥断面的洪峰流量，相较于水库未参与优化调度情况下的前山大桥断面流量，可实现削峰 39.02%；此方案下天台断面流量为 3134.65m³/s，削峰率达到 19.42%；沙段断面流量为 3947.44m³/s，削峰率达到 9.08%；根据以上数据结果可知，随着洪水不断向下游演进，有更多的区间流量进入，水库的调度作用逐渐降低，因此前山大桥断面、天台断面、沙段断面的削峰率逐渐降低，从而降低下游的洪水风险，调度结果如图 3.34 所示。

2）方案二结果分析。相较于方案一，方案二更侧重于降低里石门水库和龙溪水库的最高水位，以此确保水库的安全，里石门水库的最高水位仅为 178.49m，龙溪水库的最高水位为 398.55m；按照方案二优化调度方案调度后的流量下泄，演进到前山大桥断面的洪峰流量为 2093.67m³/s，削峰率为 25.34%；天台断面的洪峰流量为 3249.72m³/s，削峰率为 16.46%；沙段断面的洪峰流量为 4000.22m³/s，削峰率为 7.87%；相较于优先

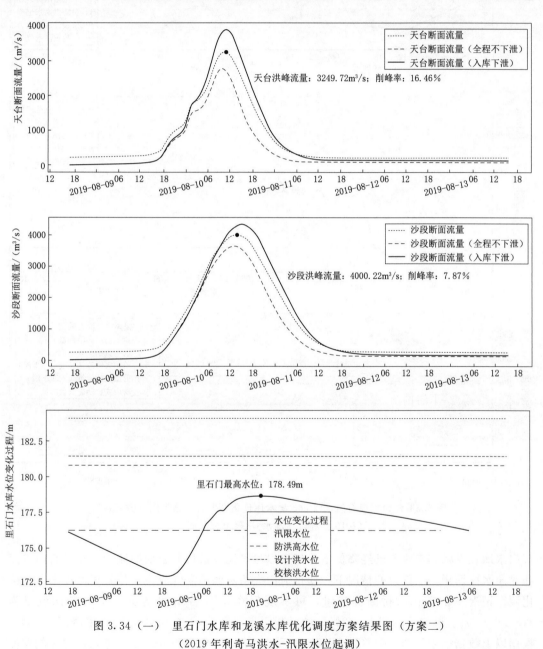

图 3.34（一） 里石门水库和龙溪水库优化调度方案结果图（方案二）

（2019 年利奇马洪水-汛限水位起调）

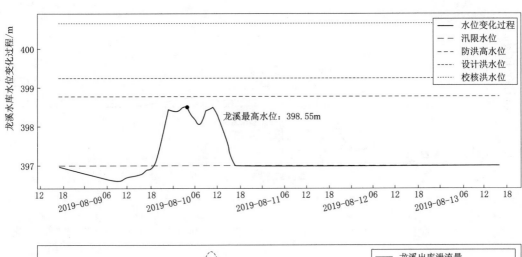

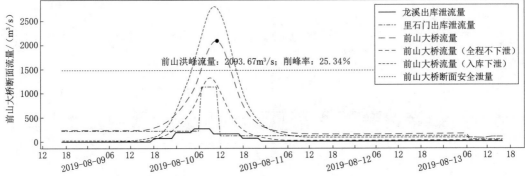

图 3.34（二） 里石门水库和龙溪水库优化调度方案结果图（方案二）

（2019 年利奇马洪水-汛限水位起调）

考虑下游安全的方案一，方案二更好地降低了水库水位，但以提高了下游安全断面流量为代价，三个断面的削峰率都有降低，并且前山大桥断面的洪峰流量已超过安全泄量 $1479m^3/s$，给下游的防洪工作带来一定的风险。为综合上游和下游的防洪风险，决策者也可以参考方案三，调度结果如图 3.35 所示。

　　3）方案三结果分析。为综合上游和下游的防洪风险，决策者也可以参考方案三——综合考虑水库自身安全以及下游防洪断面的安全，按照方案三的优化调度方案进行下泄，里石门水库在调度过程中的最高水位为 178.02m，龙溪水库在调度过程中的最高水位为 398.61m；各防洪控制断面的流量和削峰率分别为：前山大桥 $1940.95m^3/s$，30.78%；天台断面 $3209.11m^3/s$，17.5%；沙段断面 $3985.84m^3/s$，8.2%。方案三较前两个方案，水库的最高水位和削峰率均处于中间水平，可以更好地均衡水库自身的防洪安全以及下游防洪控制断面的安全。

　　决策者可以根据决策偏好，结合主客观权重通过多属性决策得到相应的三组决策支持方案，依据实际情况选择优化调度方案，以此提升水库的防洪效益，保护下游的安全，降低洪水带来的风险。

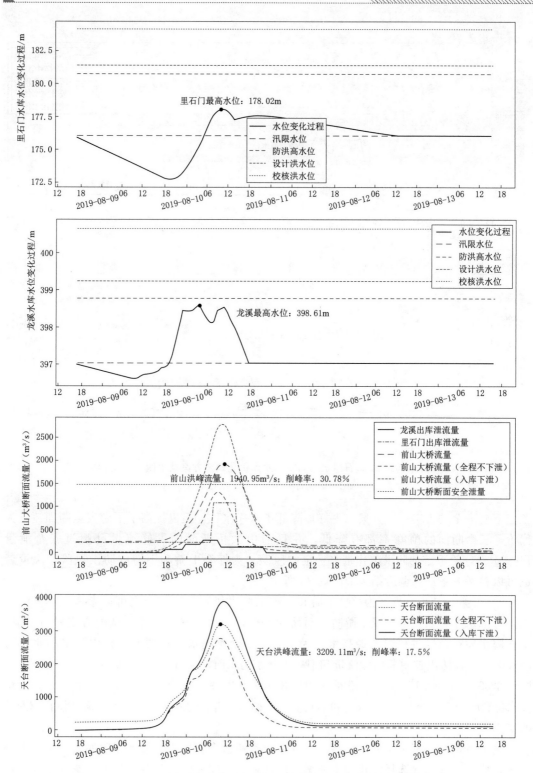

图 3.35（一）　里石门水库和龙溪水库优化调度方案结果图（方案三）

（2019 年利奇马洪水-汛限水位起调）

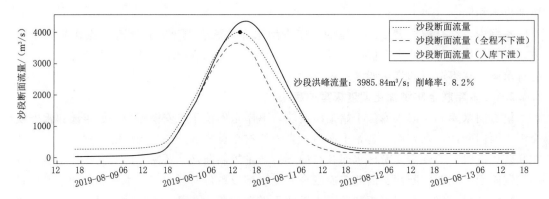

图 3.35（二）　里石门水库和龙溪水库优化调度方案结果图（方案三）

（2019 年利奇马洪水-汛限水位起调）

4）三组方案结果对比分析。为对比不同决策偏好下筛选出的方案，将按照上述三种方案进行调度的结果进行汇总整理，具体数据见表 3.32。

表 3.32　　　　　　　　里石门水库和龙溪水库优化调度方案结果

方案	里石门 最高水位/m	龙溪最高水位 /m	前山洪峰 /（m³/s）	削峰率 /%	天台洪峰 /（m³/s）	削峰率 /%	沙段洪峰 /（m³/s）	削峰率 /%
方案一	179.73	398.55	1710.8	39.02	3134.65	19.42	3947.44	9.08
方案二	178.49	398.55	2093.67	25.34	3249.72	16.46	4000.22	7.87
方案三	178.02	398.61	1940.95	30.78	3209.11	17.5	3985.84	8.2

对比三组方案，可知方案一优先考虑降低下游洪水风险，即尽可能降低下游防洪控制断面的洪峰流量时，其中前山大桥断面、天台断面和沙段断面的最大流量均为三组方案中的最小值，实现了最大程度的削峰，但此时里石门水库和龙溪水库在调度过程中的水位相对处于较高水平，说明水库通过拦蓄洪水降低了下游的洪水风险；方案二优先考虑降低水库自身以及上游风险，即尽可能降低水库的最高水位时，其中里石门水库在调度过程中的最高水位相对处于比较低的水平，但由于龙溪水库的下泄能力较低，因此在此方案下，受单位时间段下泄能力的约束，只能将洪水暂时存蓄在水库中，导致水库水位仍较高，同时此方案下的下游断面削峰率较低，洪峰流量均处于最高水平，给下游的防洪带来了风险；方案三则中和了水库上游以及下游的风险，水库的最高水位以及下游的防洪控制断面的洪峰流量均处于中间水平。在实际应用的过程中，决策者可根据实际情况以及未来的洪水预报，选择不同决策偏好下的调度方案。

3.4.2　多库联合防洪优化调度

水库群的联合调度是指对流域内一群具有水文、水力联系的水库和相关工程进行统一调度和协调调度，目的是获得流域内整体效益的最大化。由于各水库在水文特性和调节性能等方面具有较大差别，通过统一调度，在水力、水量等方面取长补短，提高流域水资源利用率和综合效益。但是，考虑到径流的随机性以及水库的多种目标与任务，水库群联合调度实际上是一个非常复杂的过程。根据调度目标的不同，水库群的联合调度方式和调度原则也不相同。

本书中，结合椒（灵）江干流的三座大型水库的联合调度，将所有水库作为一个整体，进行流域范围内的水库群联合洪水调度，构建优化调度模型，并采用智能算法对模型进行求解，获得流域的优化调度决策方案。

3.4.2.1　多库联合防洪优化调度模型构建

里石门水库和龙溪水库位于始丰溪流域，下岸水库位于永安溪流域，始丰溪和永安溪交汇于西门断面，永安溪汇合始丰溪后，自三江村至黄岩区三江口为中游，称灵江。因此在联合调度时，不仅需要考虑水库各自的下游防洪控制断面，还需考虑两支流汇合后的共同控制断面——西门断面。因此多库联合调度模型以单位时段内三个水库各自的下泄流量作为决策变量，以里石门水库和龙溪水库的下游防洪控制断面（前山大桥断面）、下岸水库的下游防洪控制断面（横溪大桥断面）和汇合后的控制断面（西门断面）的安全以及 3 个水库自身的安全，共 6 个目标函数。

1. 目标函数

考虑的 6 个目标函数如下。

（1）目标函数 F_1：在有区间入流时，始丰溪下游防洪控制断面（前山大桥断面）的洪峰流量最低。

$$F_1 = \min(\max Q_t^{qs}), t=1,2,\cdots,T \tag{3.22}$$

式中　Q_t^{qs}——第 t 时段前山大桥断面的流量值；

　　　t——防洪调度过程中的第 t 个时段；

　　　T——整个调度过程的时段总数。

（2）目标函数 F_2：在有区间入流时，永安溪下游防洪控制断面（横溪大桥断面）的洪峰流量最低。

$$F_2 = \min(\max Q_t^{hs}), t=1,2,\cdots,T \tag{3.23}$$

式中　Q_t^{hs}——第 t 时段前山大桥断面的流量值；

　　　t——防洪调度过程中的第 t 个时段；

　　　T——整个调度过程的时段总数。

（3）目标函数 F_3：在有区间入流时，始丰溪和永安溪汇合后的下游防洪控制断面（西门断面）的洪峰流量最低。

$$F_3 = \min(\max Q_t^{xm}), t=1,2,\cdots,T \tag{3.24}$$

式中　Q_t^{xm}——第 t 时段前山大桥断面的流量值；

　　　t——防洪调度过程中的第 t 个时段；

　　　T——整个调度过程的时段总数。

（4）目标函数 F_4：防洪调度过程中，里石门水库最高水位最低，目标函数见式（3.35）。

$$F_4 = \min(\max Z_t^{lsm}), t=1,2,\cdots,T \tag{3.25}$$

式中　Z_t^{lsm}——第 t 时段水库坝前的水位；

　　　t——防洪调度过程中的第 t 个时段；

　　　T——整个调度过程的时段总数。

(5) 目标函数 F_5：防洪调度过程中，龙溪水库最高水位最低，目标函数见式 (3.26)。

$$F_5 = \min(\max Z_t^{lx}), t = 1, 2, \cdots, T \tag{3.26}$$

式中　Z_t^{lx}——第 t 时段水库坝前的水位；

　　　　t——防洪调度过程中的第 t 个时段；

　　　　T——整个调度过程的时段总数。

(6) 目标函数 F_6：防洪调度过程中，下岸水库最高水位最低，目标函数见式 (3.27)。

$$F_6 = \min(\max Z_t^{xa}), t = 1, 2, \cdots, T \tag{3.27}$$

式中　Z_t^{xa}——第 t 时段水库坝前的水位；

　　　　t——防洪调度过程中的第 t 个时段；

　　　　T——整个调度过程的时段总数。

2. 约束条件

(1) 水量平衡方程约束。

$$V_{t+1}^i = (I_t^i - Q_t^i)\Delta t + V_t^i \tag{3.28}$$

式中　V_{t+1}^i——i 水库在 $t+1$ 时刻的蓄水量；

　　　　I_t^i——Z 水库在 t 时刻的平均入库流量，入库流量需结合洪水预报结果进行确定，通过对未来洪水的预报，确定未来时段的平均入库流量；

　　　　Q_t^i——水库 f 时段内的平均下泄流量；

　　　　Δt——蓄水变化量的时间；

　　　　V_t^i——t 时段蓄水量。

(2) 水库水位约束。

$$Z_{\min}^i \leqslant Z_t^i \leqslant Z_{\max}^i \tag{3.29}$$

式中　$Z_{\min}^i$——i 水库调度过程中的最低水位即死水位；

　　　　Z_t^i——i 水库在 t 时刻的水位；

　　　　$Z_{\max}^i$——i 水库调度过程中的最高水位。在水库防洪调度中依据洪水量级，最高水位限制值 $Z_{\max}^i$ 取不同值。

(3) 水库下泄能力约束。

$$Q_t^i \leqslant Q_{\max}^i(Z_{t,a}) \tag{3.30}$$

式中　　Q_t^i——i 水库在 t 时刻的下泄流量值；

　　　　$Z_{t,a}$——t 时刻 i 水库的水位值；

$Q_{\max}^i(Z_{t,a})$——i 水库在当前水位下的最大下泄流量。

(4) 水库下游防洪安全约束。

$$Q_t^i \leqslant Q_{am} \tag{3.31}$$

式中　Q_t^i——i 水库在 t 时刻的下泄流量值；

　　　　Q_{am}——下游防洪控制断面的安全泄量。水库泄流量如果大于下游防洪的允许泄流量 Q_{am}，会对下游安全造成威胁，水库在防洪调度过程中大坝安全占首要地位，应在保证大坝安全的前提下尽可能不超过下游防洪的安全泄量，否则可能造成下游更大的损失。因此，防洪安全约束不是硬性的约束条件，应视具体情况具体分析。

（5）水库泄流平稳性约束。

$$|Q_{t+1}^i - Q_t^i| \leqslant \Delta q \qquad (3.32)$$

式中　Q_t^i——i 水库在 t 时刻的下泄流量值；

　　　Δq——相邻时刻最大变幅上限。

（6）非负约束。

$$Q_t \geqslant 0 \qquad (3.33)$$

3.4.2.2　多库联合防洪优化调度案例分析

多库联合调度优化模型的分析，同样选取与单库调度分析一致的 2019 年利奇马洪水作为测试洪水。分析经过多水库联合优化调度之后的防洪优化结果，并评判优化调度的有效性以及联合调度对整个流域的影响作用和结合各水库的控运计划，对椒江流域三大水库开展联合多目标优化调度，考虑的目标为始丰溪、永安溪下游重要防洪控制断面（前山大桥断面和横溪大桥断面）洪峰流量最小化、交汇后的西门断面洪峰流量最小化以及调度过程中各水库的最高水位最小化。分别以水库在各自洪水来临前的一般水位和汛限水位作为起调水位，分析优化调度结果。

1. 模型求解及方案筛选的参数配置

多库联合防洪优化调度综合考虑里石门水库、龙溪水库以及下岸水库的调度能力和下游的情况，模型以下游防洪控制断面洪峰流量最小化和调度过程中水库水位最小化为优化目标，采用 NSGA-UI 算法求解模型，算法的参数设置为：种群规模为 100，迭代次数为 100，采用二进制编码。

在求解模型之后可获得多组帕累托解集，基于组合赋权、主客观结合的多属性决策方法对优化配置后的方案进行分析排序，采用层次分析法确定各指标的主观权重，采用信息嫡权法确定客观权重，然后采用线性加权平均方法得出组合权重，作为各指标重要程度的判别依据。选定下游防洪控制断面洪峰流量以及调度期间水库的最高水位作为多属性决策中的评判指标。

对帕累托解集对应的各评判指标值进行预处理实现归一化后，利用嫡权信息法获得各指标的离散程度，确定其在综合评价中的影响。为分析对比不同决策偏好下的调度方案，按照以下 3 种决策偏好设定各水库对应的 3 种判断矩阵：①优先考虑降低下游洪水风险，即下游防洪控制断面洪峰流量最小化；②优先考虑降低水库及上游洪水风险，即水库在调度期内最高水位最小化；③均衡考虑水库的上游和下游风险。

由于里石门和龙溪水库同位于始丰溪流域，下游与两个水库距离最近的防洪控制断面为前山大桥断面；下岸水库位于永安溪流域，下游距离最近的防洪控制断面为横溪大桥断面；这两个断面的流量可以更好地展现水库调度对下游洪水风险降低的效果，同时还需考虑始丰溪和永安溪流域汇合之后的西门断面，根据西门断面的流量评判 3 个水库联合调度对下游防洪风险降低的效果。因此筛选方案时考虑的指标为前山大桥断面、横溪大桥断面以及西门断面的洪峰流量、里石门水库最高水位、龙溪水库最高水位以及下岸水库最高水

位,共6个指标。3种决策偏好下对应的判断矩阵如下:

优先考虑降低下游洪水风险

$$A = \begin{bmatrix} 1 & 1 & 1 & 9 & 9 & 9 \\ 1 & 1 & 1 & 9 & 9 & 9 \\ 1 & 1 & 1 & 9 & 9 & 9 \\ 1/9 & 1/9 & 1/9 & 1 & 1 & 1 \\ 1/9 & 1/9 & 1/9 & 1 & 1 & 1 \\ 1/9 & 1/9 & 1/9 & 1 & 1 & 1 \end{bmatrix} \tag{3.34}$$

优先考虑降低水库及上游洪水风险

$$A = \begin{bmatrix} 1 & 1 & 1 & 1/9 & 1/9 & 1/9 \\ 1 & 1 & 1 & 1/9 & 1/9 & 1/9 \\ 1 & 1 & 1 & 1/9 & 1/9 & 1/9 \\ 9 & 9 & 9 & 1 & 1 & 1 \\ 9 & 9 & 9 & 1 & 1 & 1 \\ 9 & 9 & 9 & 1 & 1 & 1 \end{bmatrix} \tag{3.35}$$

均衡考虑水库的上游和下游风险

$$A = \begin{bmatrix} 1 & 1 & 1 & 1 & 1 & 1 \\ 1 & 1 & 1 & 1 & 1 & 1 \\ 1 & 1 & 1 & 1 & 1 & 1 \\ 1 & 1 & 1 & 1 & 1 & 1 \\ 1 & 1 & 1 & 1 & 1 & 1 \\ 1 & 1 & 1 & 1 & 1 & 1 \end{bmatrix} \tag{3.36}$$

2. 多库联合防洪优化调度结果

以防洪汛限水位作为起调水位,结合三个水库的地理位置,绘制了里石门水库和龙溪水库的最高水位与前山大桥断面洪峰流量的帕累托解集分布,以及3个水库的最高水位与西门断面洪峰流量的帕累托解集分布,如图3.36~图3.38所示。

根据图3.36~图3.38可知,在联合调度的过程中,始丰溪流域上的里石门水库最高水位、龙溪水库最高水位与前山大桥断面的洪峰流量的帕累托解集分布均匀,相较于龙溪水库,里石门水库与前山大桥断面的洪峰流量之间的矛盾关系更为明显一些,这体现了里石门水库的防洪调度能力要高于龙溪水库,且龙溪水库的下泄能力相对较小,因此其下泄流量对下游防洪断面的影响也较弱。下岸水库与横溪大桥断面的洪峰流量的帕累托解集分布均匀,且矛盾关系也很明显,可以看出下岸水库的下泄流量对下游横溪大桥断面的流量有较大的影响,如图3.39~图3.41所示。

图3.39~图3.41为帕累托解集在西门断面的洪峰流量与三个水库最高水位的分布,由图可知,西门断面的洪峰流量与三个水库的最高水位之间的矛盾关系并不明显,这是由于西门断面相较于前山大桥断面和横溪大桥断面距离水库较远,其间有较大的区间流量进入,因此水库的下泄流量对西门断面的流量过程影响较小,导致帕累托解集在西门断面流量和水库水位上的前沿分布较分散。

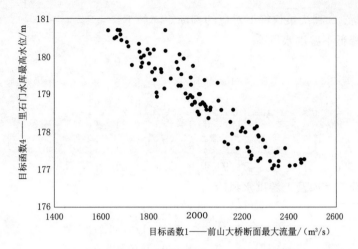

图 3.36　帕累托解集在前山大桥洪峰流量与里石门水库最高水位的分布图

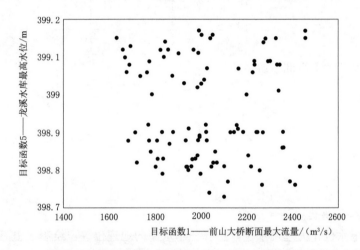

图 3.37　帕累托解集在前山大桥洪峰流量与龙溪水库最高水位的分布图

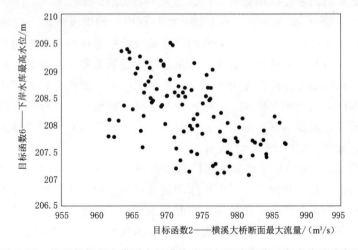

图 3.38　帕累托解集在横溪大桥洪峰流量与下岸水库最高水位的分布图

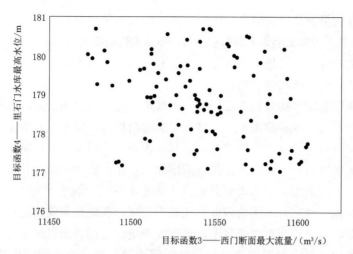

图 3.39 帕累托解集在西门断面洪峰流量与里石门水库最高水位的分布图

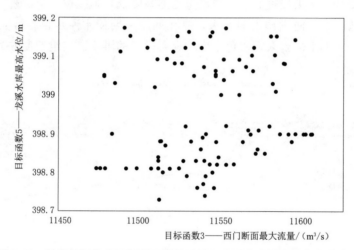

图 3.40 帕累托解集在西门断面洪峰流量与龙溪水库最高水位的分布图

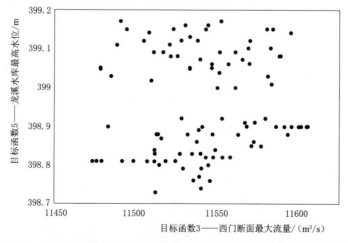

图 3.41 帕累托解集在西门断面洪峰流量与下岸水库最高水位的分布图

依据多属性决策方法，从帕累托解集中筛选出三组代表方案：

方案一：优先考虑降低前山大桥控制断面、横溪大桥控制断面以及西门断面洪峰流量。

方案二：优先考虑降低里石门水库、龙溪水库和下岸水库的最高水位。

方案三：选择两个指标的均衡解。

在经过多库联合防洪优化调度之后，可实现通过里石门水库、龙溪水库以及下岸水库三个水库的联合调度，在考虑三个水库自身安全的前提下，降低下游的防洪风险。在调度初期，三个水库可通过发电流量下泄或泄洪洞下泄等方式提前预泄，降低水位，腾空库容为接下来的洪水做准备，随着入库流量逐渐增加，水库中的水位随之升高，当上升至汛限水位时，可开启溢洪道闸门，增大下泄能力，防止水库的水位上升过高，威胁上游安全。结合各水库的控运计划，对水库的调度方式进行约束，在优化调度的过程中也需考虑下游防洪断面的安全，而演进到防洪控制断面也需要一定的时间，所以通过与区间流量进行对比后可发现，优化调度模型可实现尽可能与区间流量错峰，避免同时到达使断面流量过高，威胁下游安全。在洪峰过后，下泄流量也逐渐降低，但仍按一定流量下泄，使得水库水位可逐渐降低，根据防洪调度的要求，应在调度末期使水库水位尽可能回落到汛限水位，以此迎接下次洪水的到来，避免水库中存蓄过多的洪水。三组调度方案的调度结果展示如图 3.42 所示。

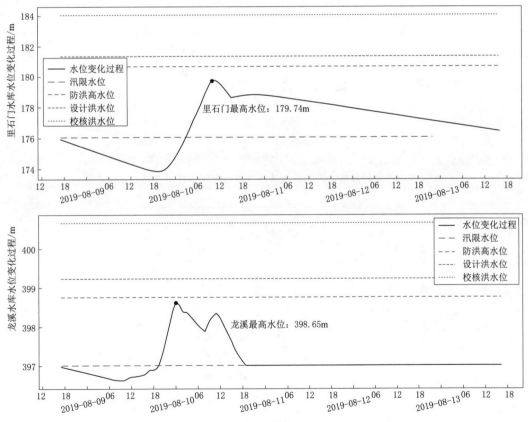

图 3.42（一）　三水库联合优化调度方案结果图（方案一）
（2019 年利奇马洪水-汛限水位起调）

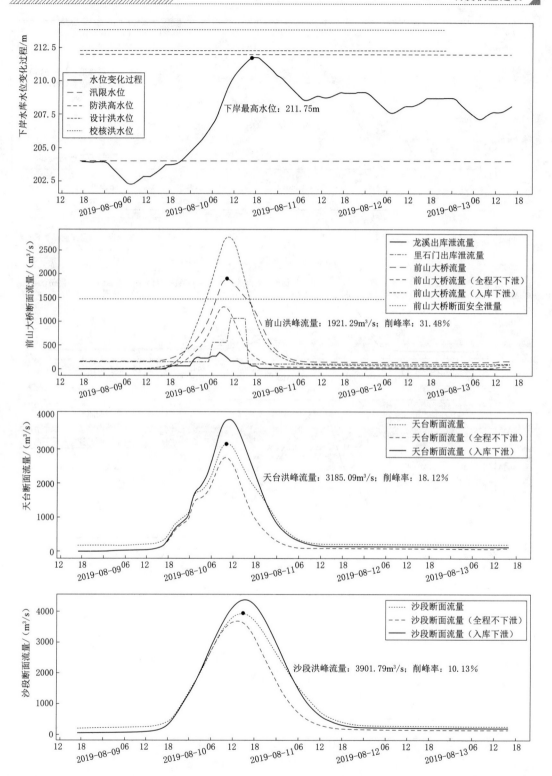

图 3.42（二） 三水库联合优化调度方案结果图（方案一）

（2019 年利奇马洪水-汛限水位起调）

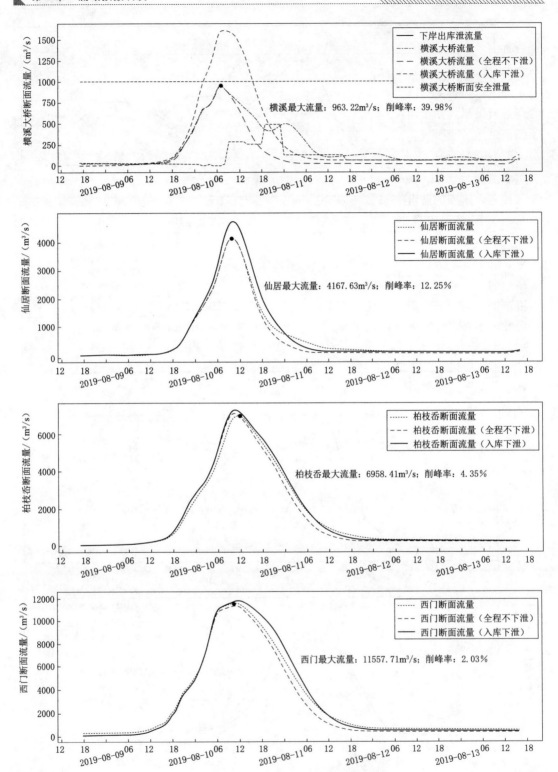

图 3.42（三） 三水库联合优化调度方案结果图（方案一）

（2019 年利奇马洪水-汛限水位起调）

（1）方案一结果分析。在优先考虑降低下游防洪断面洪峰流量时，可参考方案一对应的调度方案，里石门水库在调度过程中可达到的最高水位为179.74m，未超过防洪高水位180.69m；龙溪水库的最高水位为398.65m，未超过防洪高水位398.81m；下岸水库的最高水位可达到211.75m，距离防洪高水位（211.97m）仍有0.22m的距离，按照此方案进行下泄，始丰溪流域上，前山大桥断面的洪峰流量为1921.29m³/s，超过了前山大桥断面的安全泄量1479m³/s，但相比于水库不参与防洪调度的情况下相比，可实现31.48%的削峰率；天台断面的洪峰流量为3185.09m³/s，削峰率为18.12%；沙段断面的洪峰流量为3901.79m³/s，削峰率10.13%；随着洪水不断向下游演进，有更多的区间流量流入，水库的防洪能力起到的作用逐渐降低，导致控制断面的削峰率逐渐降低，前山大桥断面距离水库较近，因此削峰率较高；永安溪流域上，横溪大桥断面的流量为963.22m³/s，未超过断面安全泄量1000m³/s，削峰率达到39.98%，实现了较好的削峰效果，降低了横溪大桥断面的防洪风险；仙居断面的洪峰流量为4167.63m³/s，削峰率为12.25%；柏枝春断面的洪峰流量为6958.41m³/s，削峰率达4.35%；在始丰溪和永安溪汇合后的西门断面上的洪峰流量为11557.71m³/s，因为三库联合调度模型中也考虑了西门断面的流量，且三个水库的防洪能力均可作用到西门断面上，因此在综合影响下，西门断面的削峰率达到了2.03%，体现了优化调度的优势所在，结果如图3.43所示。

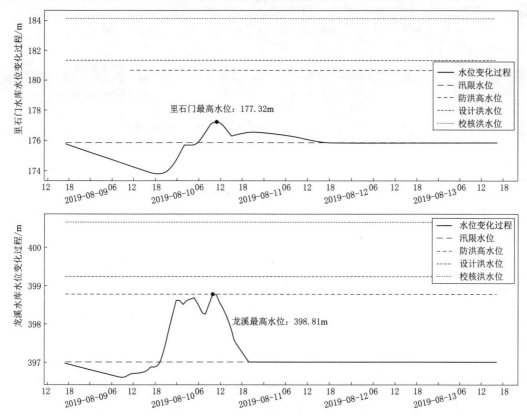

图3.43（一）　三水库联合优化调度方案结果图（方案二）
（2019年利奇马洪水-汛限水位起调）

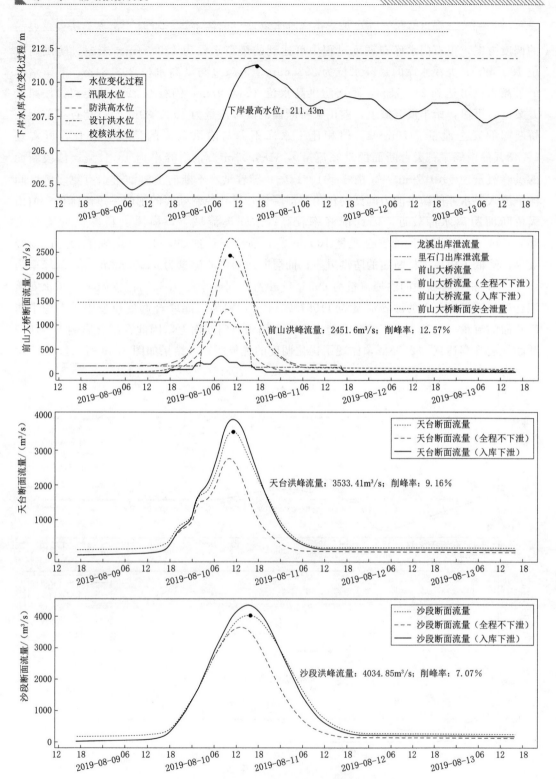

图 3.43（二）　三水库联合优化调度方案结果图（方案二）

（2019 年利奇马洪水-汛限水位起调）

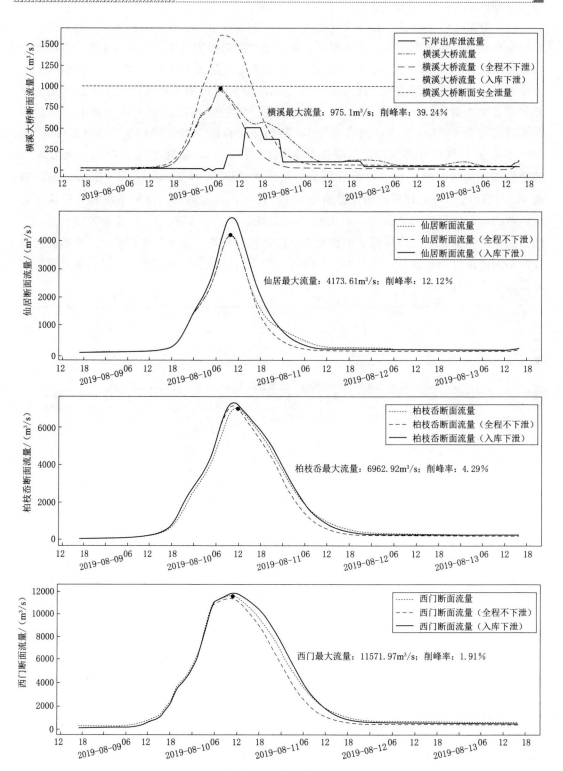

图 3.43（三）　三水库联合优化调度方案结果图（方案二）

（2019 年利奇马洪水 - 汛限水位起调）

（2）方案二结果分析。相较于优先考虑下游断面安全的方案一，方案二更侧重降低水库的最高水位，保证水库即上游的安全，在方案二的调度方案下，里石门水库在调度期间的最高水位仅达到 177.32m，处于非常安全的情况，龙溪水库的最高水位为 398.81m，下岸水库的最高水位可达到 211.43m，三个水库均未超过防洪高水位；按照此优化调度方案的流量下泄，与区间流量一同演进到下游防洪控制断面，始丰溪上前山大桥断面的洪峰流量为 2451.6m³/s，削峰率为 12.57％，天台断面的洪峰流量为 3533.41m³/s，削峰率为 9.16％；沙段断面的洪峰流量为 4034.85m³/s，削峰率为 7.07％；永安溪上的控制断面的洪峰流量和削峰率分别为，横溪大桥断面 975.1m³/s，39.24％；仙居断面 4173.61m³/s，12.12％；柏枝岙断面 6962.92m³/s，4.29％；在始丰溪和永安溪汇合后的西门断面的洪峰流量为 11571.97m³/s，削峰率可达到 1.91％。相较于考虑下游安全的方案一，方案二更好地降低了水库最高水位，但以提高下泄流量为代价，三个重要防洪控制断面的流量均有提高，削峰率有所降低，给下游的防洪工作带来一定的风险，调度结果如图 3.44 所示。

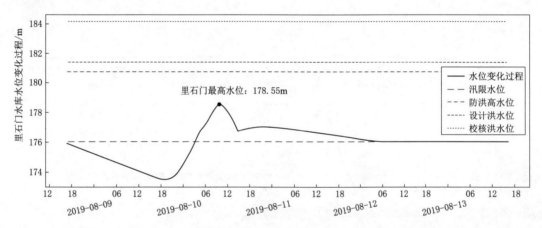

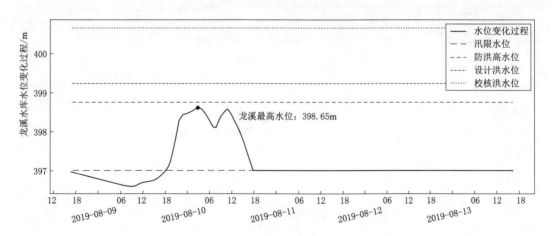

图 3.44（一） 三水库联合优化调度方案结果图（方案三）
（2019 年利奇马洪水-汛限水位起调）

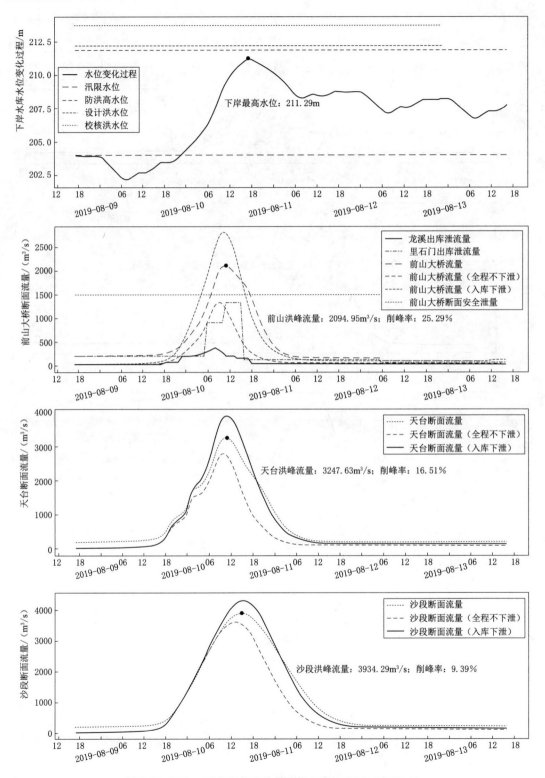

图 3.44（二） 三水库联合优化调度方案结果图（方案三）

（2019 年利奇马洪水-汛限水位起调）

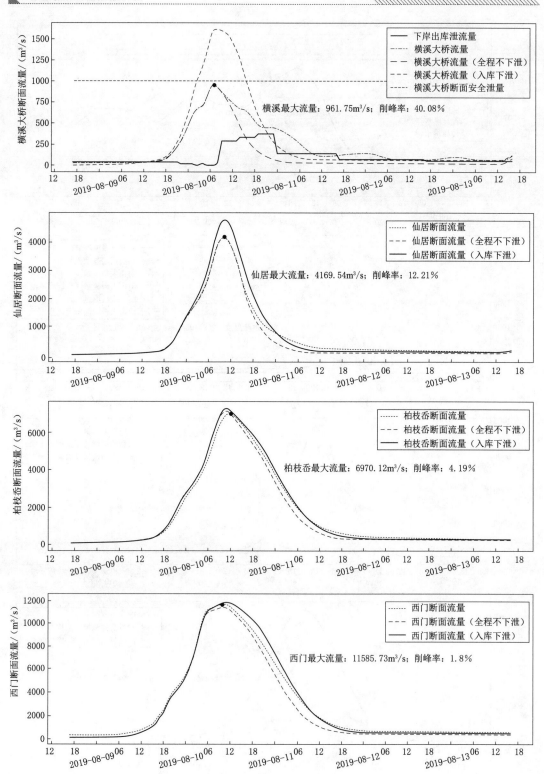

图 3.44（三） 三水库联合优化调度方案结果图（方案三）
（2019 年利奇马洪水-汛限水位起调）

（3）方案三结果分析。为综合上游和下游的防洪风险，决策者也可以参考方案三——综合考虑水库自身安全以及下游防洪控制断面的安全，按照方案三的优化调度方案进行下泄，里石门水库在调度过程中的最高水位为 178.55m；龙溪水库的最高水位将达到 398.65m；下岸水库的最高水位为 211.29m；各防洪控制断面的洪峰流量和削峰率分别为：始丰溪上的前山大桥断面 2094.95m³/s，削峰率 25.29%；天台断面 3247.63m³/s，削峰率 16.51%；沙段断面 3934.29m³/s，削峰率 9.39%；永安溪上的横溪大桥断面 961.75m³/s，削峰率 40.08%；仙居断面 4169.54m³/s，削峰率 12.21%；柏枝岙断面 6970.12m³/s，削峰率 4.19%；在西门断面的洪峰流量为 11585.73m³/s，削峰率为 1.8%。方案三相较于前两个方案，可以更好地均衡水库自身的防洪安全以及下游防洪控制断面的安全，最高水位处于相对中间水平，下泄流量也不会过大。

决策者可以根据决策偏好，结合主客观权重通过多属性决策得到相应的三组决策支持方案，依据实际情况选择优化调度方案，以此提升水库的防洪效益，保护下游的安全，降低洪水带来的风险。

（4）三组方案结果对比分析。为对比不同决策偏好下筛选出的方案，将按照上述三种方案进行调度的结果进行汇总整理，具体数据见表 3.33 和表 3.34。

表 3.33　　　　　　　　　始丰溪流域优化调度方案结果

方案	里石门最高水位/m	龙溪最高水位/m	前山洪峰/(m³/s)	削峰率/%	天台洪峰/(m³/s)	削峰率/%	沙段洪峰/(m³/s)	削峰率/%
方案一	179.74	398.65	1921.29	31.48	3185.09	18.12	3901.79	10.13
方案二	177.32	398.81	2451.6	12.57	3533.41	9.16	4034.85	7.07
方案三	178.55	398.65	2094.95	25.29	3247.63	16.51	3934.29	9.39

表 3.34　　　　　　　永安溪流域及西门断面优化调度方案结果

方案	下岸最高水位/m	横溪洪峰/(m³/s)	削峰率/%	仙居洪峰/(m³/s)	削峰率/%	柏枝岙洪峰/(m³/s)	削峰率/%	西门洪峰/(m³/s)	削峰率/%
方案一	211.75	963.22	39.98	4167.63	12.25	6958.41	4.35	11557.7	2.03
方案二	211.43	975.1	39.24	4173.61	12.12	6962.92	4.29	11571.97	1.91
方案三	211.29	961.75	40.08	4169.54	12.21	6970.12	4.19	11585.73	1.8

对比三组方案，可知当优先考虑降低下游洪水风险，即方案一尽可能降低下游防洪控制断面的洪峰流量时，其中始丰溪流域上的前山大桥断面、天台断面和沙段断面、永安溪流域上的横溪大桥断面、仙居断面和柏枝岙断面以及始丰溪和永安溪汇流后的西门断面的最大流量均为三组方案中的最小值，实现了最大程度的削峰，但此时里石门水库、龙溪水库和下岸水库在调度过程中的水位相对处于较高水平，说明水库通过拦蓄洪水降低了下游的洪水风险，虽然水位较高，但均未超过防洪高水位，因此水库也处于安全状态；当优先考虑降低水库自身以及上游风险，即方案二尽可能降低水库的最高水位时，其中里石门水库和下岸水库在调度过程中的最高水位相对处于比较低的水平，但由于龙溪水库的下泄能

力较低，因此在此方案下，受单位时间段下泄能力的约束，只能将洪水暂时存蓄在水库中，导致水库水位仍较高，同时此方案下的下游断面削峰率较低，洪峰流量均处于最高水平，给下游的防洪带来了风险；方案三则中和了水库上游以及下游的风险，水库的最高水位以及下游的防洪控制断面的洪峰流量均处于中间水平。分析对比三组方案中的前山大桥断面和横溪大桥断面流量，两者的洪峰流量均超过各自断面的安全泄量，这是由于在该场洪水下，流域的区间流量较大，且起调水位为汛限水位，当水库水位上升至防洪高水位时则为预警状态，因此水库在保证自身即上游安全的情况下，已经尽可能降低下泄流量，并且根据各方案的具体流量过程可知，水库通过调整下泄流量以实现和区间流量的错峰，避免同时到达控制断面。在实际应用的过程中，决策者可根据实际情况以及未来的洪水预报，选择不同决策偏好下的调度方案。

第4章 流域数字孪生

按照《水利部关于开展数字孪生流域建设先行先试工作的通知》的精神，以及浙江省"优先在七大江河主要支流及其重要水利工程"开展数字孪生建设的具体要求，分析椒（灵）江流域分布特点和管理权属，遵循"需求牵引、应用至上"的原则，综合考虑流域信息基础建设情况、河流影响程度、建设能力、预期成果推广价值等因素，将椒（灵）江流域全流域作为浙江省数字孪生流域建设先行先试试点流域。

朱溪水库投入运行后向长潭水库供水，长潭水库下游接永宁江，永宁江汇入椒（灵）江干流，永宁江与椒江交汇处设永宁江闸，是永宁江水系主要排涝出口。综合考虑流域信息基础建设情况、河流影响程度、建设能力等因素，选取椒（灵）江流域的椒江干流下游段作为数字孪生流域建设先行先试试点河段。数字孪生流域先试先行河段选取椒（灵）江干流下游段（三江村—椒江口）及支流永宁江。其中灵江长47km，椒江长20km，永宁江长38km，涉及河段总长约103km。试点工程方面，考虑到朱溪水库、永宁江闸信息化基础较好，故选择朱溪水库、永宁江闸为数字孪生试点工程。

4.1 建设方案

4.1.1 总体思路

综合利用倾斜摄影、实景建模、数值仿真、BIM＋GIS等多种技术手段，构建集水下地形模型、实景三维模型、三维地形模型、数值计算模型等多源异构模型为一体的流域空间地理信息模型。利用空间位置配准、数据格式转换、模型融合等多种技术手段，解决多源异构模型的汇聚与整合。围绕不同维度、不同场景、不同业务模块建设需求，构建具有不同场景尺度的流域数字孪生基底，满足流域多样化的信息管理需求。其技术路线如下：

（1）收集流域内已有的数据模型，一方面充分利用政府公共数据平台，实现水利与自然资源、生态环境、交通运输、农业农村等跨部门数据共享；另一方面充分利用网络资料，开展流域影像、地形数据获取，建立"大尺度"流域空间地理信息模型雏形。

（2）开展流域防洪重点河段数据获取，利用无人机倾斜摄影测量、水下多波束探测、BIM三维建模等技术手段，建立"小尺度"高精度三维模型。

（3）模型集成处理，利用空间位置配准、数据格式转换、模型融合等多种技术手段，进行模型集成融合，实现流域内多源异构模型的汇聚与整合。

（4）围绕不同维度、不同场景、不同业务模块建设需求，构建具有不同场景尺度流域数字孪生基底，综合应用场景组织与调度、动态渲染等技术手段实现不同尺度场景的无缝切换。

（5）以三维数字流域场景为依托，结合空间分析、虚拟仿真、场景漫游等技术开展在洪水演进、河口江道冲淤变化、江道河床变化、防洪形势研判等业务领域新型应用模式探究，提高流域防洪减灾管理水平。

数字孪生椒（灵）江建设关键技术包括遥感建模、倾斜摄影、BIM 建模、大数据技术等。

4.1.2 建设目标

充分运用云计算、大数据、人工智能、物联网、数字孪生等新一代信息技术，推进水利场景数字化、模拟精准化、决策智慧化，实现洪潮防御的智能高效、水资源调配管理的精准实时、水利工程运行安全的超前预警、水生态环境状况监控的全面覆盖，构建数字化、网络化、智能化的智慧水利体系，为水利现代化提供有力支撑和强力驱动。

在洪潮防御方面，伴随台州水文防汛 5＋1 工程（即预报双提升、通信双保障、站网优化、直属站示范和综合平台等五大工程以及水文补短板工程）建设完成，雨量站实现监测密度达到 $9km^2$/站。水位站实现山丘区 $50km^2$ 以上流域面积的河流 10km/站，大、中、小型水库全覆盖，城镇居民集聚区全覆盖。流量站实现全自动测流，数据实时获取。基于水文监测能力提升，气象定量降雨成果的应用，以流域为单元，进一步融合上下游水文模型、水动力模型、风暴潮模型，改变上游暴雨洪水、下游潮位分析预报相互割裂的状况，提高了应对"利奇马"类似台风使椒江流域出现洪、潮、暴雨双碰头、三碰头场景的流域预报能力，改变椒江下游赶潮河段洪水预报依靠人工经验，缺乏预报手段的情况。为整个流域构建更精细化、智能化的预报模型，提高预见期和准确性。增加了椒江下游的 4 个关键预报断面，预报时间从原来预报 24h 提高到预报至少 30h，预报期延长 6h 以上，断面流量预报准确度从原来的 80％提高至 85％，预报准确度提升 5％以上。通过三维倾斜摄影、BIM 建模等，构建了防洪预报、调度、预演等可视化场景，方便了防汛决策业务推演。

在水资源调配管理方面，加强了枯水期水库水源地、河道断面的水文预报能力，构建重要水库水源地（供水端）、自来水厂（需水端）的水源供水调度场景，支撑调度实时监测、供需预报、红线预警等业务应用，增强了流域水资源动态感知能力和调配能力。

在水利工程安全方面，提升水利工程安全监测能力，基于监测数据，智能评估工程安全性。基于工程安全的前提，结合洪水预报，优化工程防洪调度。以流域为单元，开展水工程防洪联合调度，最大可能发挥水利工程的防洪减灾及水资源保障能力，做好四预推演。

在生态流量监管方面，通过接入椒（灵）江流域生态流量监测系统数据，对流域内生态流量进行监控和预警的展示，达到生态流量管控的目的。科学合理开展水利工程调度，强化流域生态流量保障能力。

4.1.3 建设任务
4.1.3.1 数字孪生平台建设

1. 数据底板建设

基于现有台州市域空间治理平台、智慧水利平台等成果，按照水利部《数字孪生流域建设技术大纲》要求，完善椒江 L2 级数据底板，重点建设椒（灵）江流域空间卫星遥感分辨率 5m 精度 DEM 和 1m 精度 DOM 流域 L2 级，采集洪水重点演进区域 5cm 倾斜摄影和水下地形 L2 数据底板；构建典型水库的 BIM 模型，完整体现水库设施设备的空间几何信息、物理信息等。

2. 模型平台

完善并集成水文预报模型、水动力学模型、水工程调度模型共三大类模型，进行构件化改造、标准化封装；新建典型工程安全分析预警模型和可视化模型。

3. 知识平台

建设知识平台。建设预报调度方案库、历史场景模式库、业务规则库、专家经验库等，为椒（灵）江水利业务智能应用的知识积累、经验提炼和分析研判等提供基础能力支撑。

4.1.3.2 专业应用

按照"精准化预报、自动化预警、可视化预演、场景化智能预案"的要求建设业务应用体系，构建一站式防洪防潮新体验，实现快速响应功能；结合生态流量管控系统和水库调度成果，建设水资源管理与调度应用；接入台州市水管平台标准化管理数据成果，开展水利工程安全运行管理的初步业务应用，通过构建典型工程安全分析预警模型及 BIM 模型，打造典型工程 BIM 业务应用场景。

建设任务包括：流域防洪业务应用、水资源管理与调配应用、水利工程运行管理应用、综合展示、大屏端应用和移动端应用。

4.1.3.3 业务系统集成及数据融合

业务系统集成及数据融合主要是对数字孪生永宁江闸应用系统和数字孪生朱溪水库应用系统进行集成和数据融合。

4.1.4 总体设计方案

按照统一的平台和统一的用户标准进行建设。构建椒（灵）江流域数字孪生流域统一工作平台，以浙政钉和浙里九龙联动治水为用户入口，并与台州市水管理平台的用户权限进行对接。

充分融合卫星遥感、物联网、大数据、云计算、人工智能、数字孪生等技术，以"天空地水一体化"感知体系为基础，利用基础设施、数据资源和应用支撑相关资源，实现"数字孪生场景化应用、预报调度一体化模拟、四预过程智能化决策"，建设信息基础设施、数字孪生流域平台和"2+1"智能业务应用，形成椒（灵）江数字孪生流域的总体框架，如图 4.1 所示。

系统主体架构采用 B/S 架构进行设计，满足国产化适配需求。总体架构包括基础设施体系、数据资源体系、业务支撑体系、业务应用体系等内容，以及政策制度体系、标准规范体系、组织保障体系和网络安全体系。

4.1.5 流域数字孪生框架与数字化改革总体框架的关系
4.1.5.1 一体化智能化公共数据平台利用情况

1. 基础设施

根据项目的用户数量、并发规模和数据量并结合同类项目经验对本平台的计算资源和

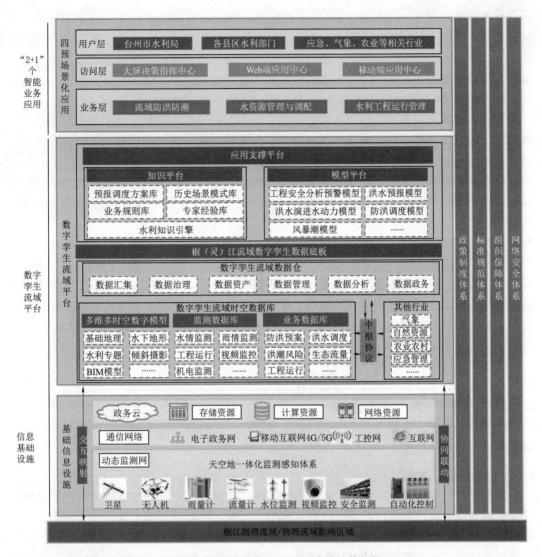

图 4.1　数字孪生椒（灵）江建设总体框架

存储资源进行测算。项目的计算资源主要申请台州市政务云资源。其中政务云公有云区需要 2 台服务器，政务云专有云区需要 8 台。

2. 数据资源

项目通过一体化智能化公共数据平台融合其他职能部门已归集的共享数据源信息。

4.1.5.2　两端建设情况

移动端应用基于浙政钉进行开发。政府端用户采用浙政钉用户体系，基于 PC 端和浙政钉应用访问系统。支持 IPV6 访问。

4.1.5.3　组件建设情况

（1）组件利用情况：基于 IRS 提供的公共组件进行应用支撑建设，包括可信身份认证（本地化服务）、浙江政务服务网法人用户单点登录、浙江政务服务网个人用户单点登录、政务服务电子归档公共技术服务、浙政钉—组织架构和用户体系、浙政钉—消息通知等组件。

（2）组件建设情况：项目预计不会产生组件。如产生组件将按照 IRS 组件建设规范要求进行建设和上架。

4.1.5.4　与九龙联动治水的关系

浙江省水利厅以"节水优先、空间均衡、系统治理、两手发力"治水思路为指引，以构建浙江水网为基础，以河湖长制为抓手，以数字化改革中全面推动浙水安澜总目标，建设了浙里九龙联动治水应用。该应用用户范围面向全省水利部门，目前已整合吸收"河湖管护""饮水安全""洪涝防治""引水调水""污水防治""节水用水"等应用。

台州市水管理平台为九龙联动治水的应用平台，"数字孪生流域"作为九龙联动治水的重要组成部分，主要用于构建数字孪生数据底板，项目业务应用基于台州市水管理平台打造。

4.1.5.5　与预报调度系统的对比

数字孪生系统与预报调度系统的对比见表 4.1。

表 4.1　　　　　　　　　　　　　　　对　比　表

序号	要素	预报调度系统	数字孪生系统
一、数据底板			
1	分辨率	低，为统计区域内水位容积关系用，及大尺度二维模型使用	高，既用于统计水位容积关系，又做高时空分辨率二维模型及风险模型的基础信息
2	要素属性	不关联	关联
3	社会要素	不考虑	考虑：高分辨率二维模型，在挂接受淹区地物社会属性的情况下，模拟社会要素的洪水风险
二、模型平台			
1	分辨率	低，区域要素 200×200 网格	高，区域要素模型网格小于 20m
2	预报要素	水文断面（点）	水文断面（点）+区域要素（面）
3	风险要素	不考虑	各类受淹要素风险模拟
4	数据更新	相对静态，线下更新。断面或二维区域均为定期或按需更新	动态、实时调整。如破堤、溃口需在线上实时更新
5	预报成果	水文部门确定的点要素的水位流量过程	点要素水位流量过程+面要素动态淹水范围+受淹区社会对象的风险等级

4.1.6　应用系统建设方案

4.1.6.1　数字孪生平台

4.1.6.1.1　数据底板

实施总体上采用卫星遥感数据后处理以及倾斜摄影、激光雷达扫描相结合的方式，利用倾斜摄影数据建立重点区域实景三维模型，利用机载激光雷达数据生产水上数字高程模型测绘产品，利用 GNSS RTK＋单波束无人船测量方式和人工方式进行河道横断面测量。

1. 流域遥感影像数据（DOM）

在浙江省水利厅建设的浙江省水利一张图 L2 级数据底板的基础上，补充椒江流域

$6603km^2$ 范围内的空间卫星遥感分辨率 5m 精度的影像数据，增加优于 1m 精度的 DOM 影像数据，构建流域基础数据底板。

2. 易涝区域倾斜摄影数据

临海古城，由于地势较低，在台风暴雨等工况下，历史上曾经发生过河道水位倒灌进古城的情形，当河道水位倒灌后，对古城造成的淹没时序、淹没后果，缺乏相应的计算分析模型和可视化模拟模型，无法为决策者提供参考。

由于临海古城经济较为发达，城区内学校、医院等重点保护对象多，对模型预报精度要求高，而模型计算精度受限于地形数据的精细程度，临海古城缺乏高精度地形数据，现有地形数据无法支撑业务需求。

本次选取试点流域内临海古城如下易涝区域范围约 $20km^2$，采集构建水动力演进模型必须的 5cm 分辨率的航空倾斜摄影数据。

3. 重点区域水上数字高程数据

为精细化推演椒江干流洪水演进情况，提高洪水预测预报模型计算精度，采集椒江下游（三江村—椒江入海口，始丰溪汇合断面以下）约 70km 长度河道的水上地形高程，往河道两侧各延伸 1.5km，共计约 $210km^2$。采集精度为 2m 网格间距。

4. 水下地形断面

为精细化推演椒江干流洪水演进情况，提高洪水预测预报模型计算精度，采用无人船＋单波束采集重点断面水下地形，采样间距 1000m，约 70 个断面。

5. 永宁江等数据底板接入与融合

永宁江、朱溪水库数据底板由黄岩区水利局、朱溪水库自行采集，项目需要接入永宁江大闸和朱溪水库 BIM 模型、朱溪水库倾斜摄影数据等可视化模型。

可视化模型包括构建水利工程周边自然背景（如不同季节白天黑夜、不同量级风雨雪雾、日照变化、光影、水体等背景）可视化渲染模型，工程上下游流场动态可视化拟态模型（如库尾、坝前、坝下、溢洪道等重点区域），水利机电设备操控运行模型（如发电机组开启、关闭、停机状态），水利工程监测与安全运行模型等，能够基于真实数据，实现对枢纽、库区、厂区的真实可视化仿真模拟。

根据《建筑信息模型设计交付标准》（GB/T 51301）（2019-06-01 发布实施），建筑信息模型包含的最小模型单元应有模型精细度等级衡量，模型精细度基本等级划分应符合表 4.2 的规定。

表 4.2　　　　　　　　　　　　水电工程信息模型精细度等级划分表

等　级	简称	所包含的 最小单元模型	应用场景
1.0 级模型精细度	LOD1.0	项目级模型单元	—
2.0 级模型精细度	LOD2.0	功能级模型单元	全要素场景展示，调度大场景仿真模拟，设备资产管理，一般设备状态管理，大坝安全监测管理，应急指挥可视化等
3.0 级模型精细度	LOD3.0	构件级模型单元	
4.0 级模型精细度	LOD4.0	零件级模型单元	核心发供电设备检修模拟仿真，运行模拟仿真，重要发供电设备状态管理等

典型水库 BIM 模型按照《水利水电工程信息模型分类和编码标准》（T/CWHIDA 0007—2020）构建并进行编码。对于大坝、溢洪道等，构建功能级模型单元（≥LOD2.0），集成坐标定位、占位尺寸及材质等属性信息，完整体现工程建筑物结构的空间几何信息、物理信息等。对于闸门、发电机、水轮机等主要机电设备，构建构件级模型单元（≥LOD3.0），并集成设备编码、机电设备状态监测、安全监测数据等信息及功能级模型单元属性信息，完整体现工程重点部位实时运行工况与状态，支撑 BIM 数据与物理工程的同步性、孪生性，范围和精度见表 4.3。

表 4.3　　　　　　　　　　　　　　BIM 模型构建范围与精度

建模对象	建模要求	建模精度
大坝	按部位建模	LOD3.0
泄水建筑物	按部位建模	LOD3.0
发电引水建筑物	按部位建模	LOD3.0
灌溉渠道	按部位建模	LOD3.0
厂房建筑物	按部位建模	LOD3.0
监测点位	按仪器建模	LOD3.0
视频监控点位	按点位建模	LOD3.0
水轮机组及相关机电设备	零部件可拆卸、虚拟检修，构件级全生命周期信息展示	LOD4.0
闸门及启闭设备	开度动画展示、构建级全生命周期信息展示	LOD4.0

BIM 属性信息应满足《水利水电工程设计信息模型交付标准》（T/CWHIDA 0006—2019），具体要求如下：

（1）模型单元应以几何信息和属性信息描述工程对象的设计信息，可使用二维图形、文字、文档、多媒体等补充和增强表达设计信息。

（2）当模型单元的几何信息与属性信息细度不一致时，应优先采信属性信息。

（3）应选取适宜的信息深度体现模型单元属性信息。

（4）属性宜包括中文字段名称、编码、数据类型、数据格式、计量单位、值域、约束条件。模型属性要求见表 4.4。

6. 数据底板

通过建立对象与对象之间的关联关系，从而实现对象属性、业务等数据的关联。椒（灵）江流域数据底板为 L2 数据底板，底板中的数据模型包括水利数据模型和水利网格模型。

7. 地理空间数据采集与处理

将接入的基础地理数据、高程影像、倾斜摄影、BIM 模型等数据在数字孪生平台中进行精细化处理，选取关键的示范区域进行整体场景的精修，为业务场景的呈现提供支撑。

对于倾斜摄影、BIM 模型等三维数据需要通过统一的数据融合工具，进行数据的汇聚、发布和展示，在数据发布过程中进行数据空间信息、属性信息的预处理和配置，确保三维数据在统一的标准体系下进行处理。

表 4.4　　　　　　　　　　　　模 型 属 性 要 求

模型等级	属性组	宜包含的属性信息	备　　注
LOD3.0	项目标识	项目名称、简称、地点、阶段、建设依据、建筑物组成、坐标、交通、采用的坐标体系、高程基准、库容、工程效益指标、淹没损失及工程永久占地、特征水位等	针对主要核心建筑物，构件模型不做要求
	工程等别和建筑物级别	工程等级、库容，以及发电、供水、灌溉、防洪等指标	
	基本描述	名称、编号、类型、功能说明	
	编码信息	编码、编码执行标准等	
	从属定位	项目所属的单位工程、分部工程、单元工程名称及其编号、编码	
	坐标定位	可按照平面坐标系统或地理坐标系统或投影坐标系统分项描述	
	结构组成	主要组件名称、材质、尺寸等属性	
	关联关系	关联模型单元的名称、编号、编码以及关联关系类型	
	设计参数	结构和设备的设计性能指标	
	工程图纸	图纸编号、图纸名称	
LOD4.0	技术要求	材料要求、施工要求、安装要求等	
	机电设备安装信息	至少宜包括下列属性信息：有效期、制造商、供应商、实际尺寸、产品认证、制造标准、安装方式	

注　LOD4.0 级模型的属性应包含 LOD3.0 级的所有属性信息。

4.1.6.1.2　模型平台

1. 水利专业模型

根据核心业务需求，针对预报、预警、预演、预案业务相关的洪水预报预警、三维演进、联合调度所需的水利专业模型进行建设。水利专业模型为模拟仿真提供其运行所需遵循的基本规律，可以独立使用，也可以利用水利模型库装配能力，实现自主可控、灵活组装生成新模型。本次规划建设内容包括完善并集成椒江流域洪水预报调度一体化平台中的水文预报模型、水动力学模型、风暴潮预报模型、水工程调度模型共四大类模型。

（1）椒（灵）江干流下游段。流域数学模型是描述流域产汇流、洪水运动规律的一种重要技术手段，目前，通过椒（灵）江流域洪水预报调度一体化平台建设，已经建成了覆盖全流域产汇流的水文模型、洪水演进的一维、二维模型、用于河口风暴潮（天文潮）预报的风暴潮模型、水库优化调度模型等。上述模型，可以独立使用，也可以利用水利模型库装配能力，实现自主可控、灵活组装生成新模型、构建新方案。模型框架图如图 4.2 所示。

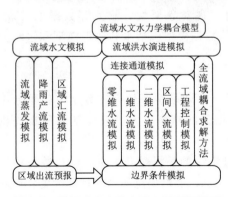

图 4.2　流域水文水动力耦合模型框架图

1）山丘区水文模型。水文模型可为洪水预报、水资源计算等提供来水量计算服务，根据山区、平原等不同的地形特点，又可采用山丘区水文模型如新安江模型、平原区水文模型如基于四种下垫面类型的产流模型等。

山区水文模型产流模拟有降雨径流相关模型、新安江模型、TopModel 模型等，椒（灵）江流域洪水预报系统中，对于山丘区产流，采用理论明确、技术成熟、对南方地区较为适用的三水源新安江模型，汇流模拟有马斯京根法。

三水源新安江模型的流程图如图 4.3 所示。图中输入为降雨 P 和水面蒸发 EM，输出为流域出口断面流量 Q 和流域蒸散发量 E。方框内是状态变量，方框外是模型参数。模型主要由四部分组成，即蒸散发计算、产流量计算、水源划分和汇流计算。

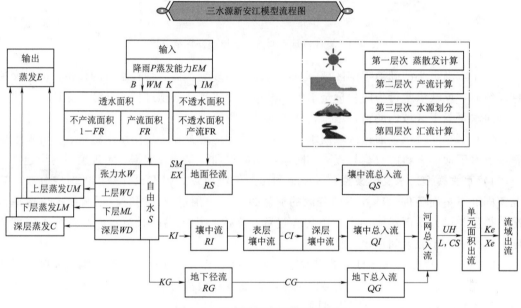

图 4.3 三水源新安江模型示意图

注：K 为蒸散发能力折算系数；UM 为上层蓄水容量；LM 为下层蓄水容量；C 为深层蒸散发扩散系数；WM 为流域蓄水容量；B 为张力水蓄水容量曲线指数；IM 为不透水面积比值；SM 为流域平均自由水蓄水容量；EX 为表层自由水蓄水容量曲线指数；KG 为表层自由水蓄量对地下水的出流系数；KI 为表层自由水蓄量对壤中流的出流系数；CG 为消退系数。

在椒（灵）江流域洪水预报系统中，考虑预报断面分布、小流域自然分水岭等因素，划分了 273 个水文计算单元，如图 4.4 所示。模型的率定、验证等参照相关规范执行。

2）平原区水文模型。由于不同下垫面具有不同的产流规律，本流域下垫面分成四类：水面、水田、旱地和城镇道路。

3）零维调蓄模型。椒（灵）江流域内水塘、低洼地众多，许多河道交汇处有较大的水面。当水位变化时，由于水面积较大，对水流的调蓄作用不可忽略，必须加以模拟。因此，把这些水面归结于某些节点上，认为这些节点是可调蓄节点，调蓄面积为水域面积。此类要素的概化是在地形图上量算水位-容积（面积）关系，并在建模时与相应的主干河道进行连通。

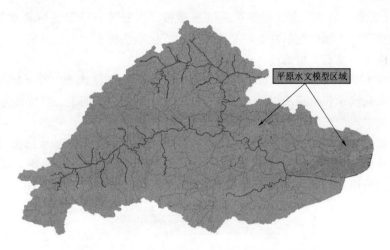

平原水文模型区域

图 4.4　椒江流域平原区水文模型计算单元划分

对于水塘、小的湖泊零维区域，对洪水行为的影响主要表现在水量的交换，动量交换可以忽略，反映洪水行为的指标是水位，水位的变化规律必须遵循水量守恒原理，流入区域的净水量等于区域内的蓄量增量，利用水量平衡原理可得。

（2）永宁江流域。通过区域内水文资料、基础地理资料、历史洪水资料、工程调度资料以及水下地形资料的收集，接入实时水雨情数据和气象预报数据，实现模型的构建。

1）水文模型。水文学模型，主要是利用产汇流原理，根据设计暴雨的时空分布特定及不同的下垫面条件，计算不同分区的流量过程、净雨过程，同时根据雨量水位遭遇情况，提供与设计暴雨对应的水位下边界过程，本次建模范围从长潭水库坝址至永宁江大闸，包括西江平原区间汇水面积。

2）水动力模型。永宁江主要洪水来源为上游干流洪水（长潭水库泄洪）和区间暴雨导致的支流洪水。根据永宁江流域洪水来源情况，模型覆盖永宁江流域长潭水库至永宁江闸之间流域面积 445km^2 范围的河网。

3）洪水风险分析模型。据历史洪水资料的收集情况，选定 2013 年"菲特"台风和 2019 年"利奇马"台风作为典型洪水方案。根据《浙江省椒江流域综合规划》《浙江省温黄平原水利规划》的有关内容，黄岩城区防洪标准为 50 年一遇，城镇防洪标准为 20 年一遇。设计洪水分析方案应针对 5 年、10 年、20 年、50 年设计暴雨洪水进行分析。同时，为评估超标准暴雨洪水所造成的洪涝灾害，增加 100 年一遇设计标准的暴雨洪水方案。

2. 智能模型

智能识别模型将人工智能与水利特定业务场景相结合，实现对水利对象特征的自动识别，进一步提升水利感知能力。本次建设主要应用视觉智能模型，识别相关水事事件，如大坝、水闸等工程建筑物保护范围内人员入侵识别，溢洪道、闸门前漂浮物阻水等。

通过赋予视频监控系统 AI 视觉能力，对视频图像中的各类事件问题自动分析、抓拍，可做到主动预警，从以往"被动"监控升级为主动智能分析预警，推送预警数据到业务系统，从而更有效地协助处理各类事件。AI 视觉能力应与当地水利专业模型进行整合集成，实现共用共享。

（1）识别事件。

1）人员面部识别：应支持运用图像识别能力进行人员面部识别，对管理处关键位置的人员信息进行实时识别监控。当发现未登记人员时，则产生告警事件，并推送告警事件对应的位置及时间。

2）人员行为识别：应支持运用图像识别能力进行人员行为，识别工作人员是否穿着工作服、佩戴安全帽，以及现场是否存在明火、烟雾以及吸烟行为的识别。当发现异常情况时，则产生告警事件，并推送告警事件对应的位置及时间。

3）水面漂浮物识别：应支持运用图像识别能力进行水面漂浮物识别。发现河道水面存在漂浮物时，则产生告警事件，并推送告警事件对应的位置及时间。

4）暴露垃圾识别：应支持运用图像识别能力进行暴露垃圾（白色垃圾、建筑垃圾等）识别。当发现河道在成片暴露垃圾时，则产生告警事件，并推送告警事件对应的位置及时间。

5）区域入侵识别：利用图像识别能力对区域入侵控制范围内进行人员入侵识别。当发生入侵事件时，产生实时告警事件，并推送事件对应的位置及告警时间。

6）人流识别：利用图像识别能力对指定区域进行人员人数识别记录，统计不同时段、位置的人流状况。

（2）功能服务。

1）智能识别：应基于深度学习的技术，对人员面部识别、人员行为识别、水面漂浮物、暴露垃圾、区域入侵等信息进行智能识别，进行事件照片、事件类型、事件时间等消息等相关信息的记录。

2）事件联动：应支持通过开放的规则定义实现场景化的事件应用，实现在"特定条件"下需要执行"特定动作"。提供事件配置、分发、上报、联动等功能。

3）模型管理：应提供模型管理、模型下发、智能分析配置、抓图计划配置。通过将AI模型下发至设备，为设备通道配置智能分析任务，使设备拥有针对特定对象和场景的智能分析能力，能够解决碎片化场景下的智能分析问题。

4）图片搜索：应实现事件图像内容索引，快速从图片或视频库中，根据样例定位相同相似图片或视频。

3. 模拟仿真可视化模型

成熟稳定的数字模拟仿真引擎主要包含仿真数据对接、仿真任务管理、仿真模型接入与演练、仿真接口等功能。基于仿真引擎，可以实现现实事件的快速衍生与复原，从结构化及非结构化文件如文本、视频中抽取各类信息，进行数据挖掘与知识图谱构建。

（1）水流体物理模型通用仿真。基于数字孪生引擎的核心渲染能力，结合数学、物理、仿真模拟、流体力学和几何学等多学科知识，构建孪生场景水流体物理模型。基于空间数据底板实现的水仿真模拟。完全依照数字孪生基础引擎及空间场景进行孪生场景的水体流体仿真。实现同一水体不同场景地形状态的模拟，实现真实的水体可视化展示及应用。

（2）三维数字流场可视化仿真模型。融合水动力模型专业模型运算结果数据，基于孪生仿真能力，实现流域数字化流场仿真模拟效果，构建流域多场景模态可视化表达，如：

水流、流速、旋涡等物理现实水特效。

（3）三维场景淹没可视化仿真模型。基于水动力模型专业模型运算结果数据结合孪生仿真能力，实现河道涨水漫溢物理现实表达效果，结合空间拓扑分析算法模型，叠加人口、经济、区域等指标数据，支撑淹没分析业务下的科学化分析及预演预测预报。

（4）三维场景洪水演进可视化仿真模型。基于水专业模型的计算结果数据及水物理通用模型的算法驱动，以数字孪生引擎仿真能力支撑，构建洪水演进可视化模拟，实现对洪水洪峰及时查看、过水淹没的场景分析、水利工程受力影响分析等的水业务应用支撑。

（5）三维场景水利工程防洪调度可视化仿真模型。集成水利工程的运管数据、监测数据及基础数据，将即有关联数据与数字孪生仿真引擎驱动构建的空间数字孪生体挂接，实现多层级数据贯通。以数学算法模型为支撑，构建水利工程不同开度、不同闸门流量下的仿真可视化模型——映射关系。驱动水利工程防洪调度业务下闸门启闭及水流的仿真效果。

4.1.6.1.3　知识平台

1. 数字孪生椒江知识平台

参照水利部《"十四五"智慧水利建设规划》《数字孪生流域建设技术大纲》《水利业务"四预"功能基本技术要求》等技术指导文件，依托 L2 级浙江省数据底板（浙江省水利一张图）和部分 L3 级数据底板，构建数字孪生椒江知识平台，参见表 4.5。

表 4.5　　　　　　　　　　　　　　知识库总体内容

序号	建设内容	建设主体	指标参数或技术要求	更新频率
1	预报调度方案库	市级水利部门	水文气象等特点、水工程参数、工程影响区域范围等，结合降雨预报、洪水预报、水量预报、工程安全监测等参数	实时更新
2	历史场景模式库	市级水利部门	基本雨量站特征值及频率分析资料	年更新
			基本水文站特征值及频率分析资料	
			历史洪水调查资料	
			历史台风库	
3	业务规则库	市级水利部门	大中型水库控运计划	年更新
			水库大坝安全管理应急预案	
			大中型水闸控运计划	
			流域超标准洪水防御方案	
			流域洪水预报调度规则	
			小流域山洪灾害预警预报规则	
			抗旱应急预案	
4	专家经验库	市级水利部门	预报专家库	按需构建
			调度专家库	
			抢险专家库	

（1）建设预报调度方案库。根据椒江流域水文气象等特点、水工程参数、工程影响区域范围等，结合降雨预报、洪水预报、水量预报、工程安全监测等信息，通过数据汇聚和

数据治理，形成调度方案规则集；对历史典型洪水预报、重要城区段防洪应急预案、水资源调度预案的信息通过水利知识引擎进行处理，构建预报调度方案库；业务人员可在知识库上基于智能搜索引擎检索到相关知识，并可基于专家经验进行水利工程调度反演，典型预报调度过程、相似要素筛选、专家经验搜索比对，对水雨情、防洪风险进行预报、预警，制定预案。

（2）构建历史场景模式库。以业务应用为目标，相关人员可通过智能搜索引擎挖掘历史相似性场景，通过推演分析不同场景下的演变态势，对同类事件决策提供知识化依据。椒江流域历史场景模式库基于数字孪生流域 L3 数据底板，承接部分 L2 数据底板，建设包括基本雨量站特征值及频率分析资料、基本水文站特征值及频率分析资料、历史洪水调查资料、历史台风库以及其他场景模式。

（3）构建业务规则库。通过将水利工程调度业务文档内容调用水利知识引擎进行结构化处理，最终形成一系列可组合应用的结构化规则集；通过水利知识库实现椒江的水利工程调度方案等包含的规则进行系统化、可视化、标签化的管理。其主要工作内容包括大中型水库控运计划、水库大坝安全管理应急预案、大中型水闸控运计划、流域超标准洪水防御方案、流域洪水预报调度规则和抗旱应急预案等进行知识的采编、知识搜索、知识浏览、知识统计等规则管理等。

（4）构建知识化专家经验库。结合椒江流域历史典型水旱灾害防御，整理台州市预报、调度和抢险等专家资源库。借用水利数字模型对重点河段历史场景预报调度进行经验挖掘，在经验验证、经验修正的基础上比选生成方案，通过智能搜索引擎能力调用在线专家研判，形成科学、合理、高效的应急预案。

2. 水利知识引擎

基于椒（灵）江流域数据底板，构建椒（灵）江流域知识平台。依靠计算机学习和推理，搭建数据语义服务、知识图谱服务、知识推理服务，实现专家经验标准化表达、水利工程群精细调度、预报调度一体化智能化目标。建设具有椒江流域水利知识表示、水利知识抽取、水利知识融合、水利知识推理、水利知识存储功能的水利知识引擎。

水利知识图谱构建流程如图 4.5 所示。图中椒（灵）江流域知识图谱属于垂直领域水利行业的基础水利引擎能力，需要结合流域特征进行构建。知识图谱构建基于领域特征结构化处理、实体化链接、语义化表示项目、用户等本地数据进而构建知识图谱以多层次关联实体及关系、挖掘隐性知识，依托知识图谱增量更新特点实现推荐数据规模扩大时保证数据质量稳定性、推荐效率及系统健壮性。

定义知识建模、知识表示方法进行模式层构建并动态更新模式，具体用知识图谱概念结构（公理、规则及约束条件）细粒度描述、规范化处理（定义、规约及可视化）实体概念、属性及关系并结合行业标准、人工规则构建分类知识体系进而建模知识图谱概念模式，按水利行业和椒江流域特点、资源属性定义知识表示方法以支持知识图谱构建、推理及应用。

通过知识抽取、加工、更新、存储进行数据层构建：知识抽取包括实体识别（结合包装器自动提取开放链接数据中实体及其属性）、知识融合〔基于机器学习等技术对预处理后的知识单元进行实体消歧、对齐（标识唯一化）和链接，基于映射机制统一提取、规范

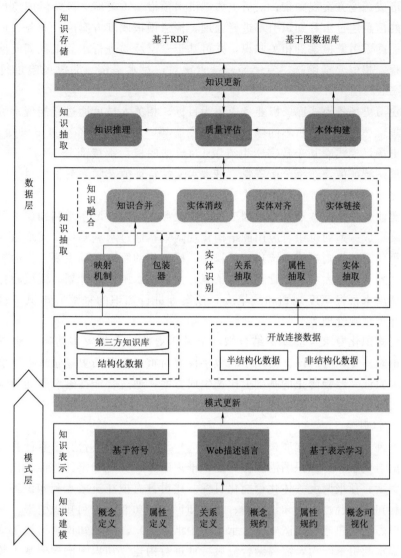

图 4.5　知识图谱构建流程

表示第三方知识库、结构化数据中知识及关联]，知识加工通过本体构建、质量评估（量化知识置信度）和知识推理（基于逻辑、子图推理结合图谱关系挖掘潜在实体关联、发现隐性知识以补全知识图谱）处理信息抽取结果以构建知识体系并统一管理，知识更新基于日志周期性、增量式调整并按需扩展知识图谱。

4.1.6.2　专业应用

4.1.6.2.1　椒（灵）江流域防洪业务应用

通过先行先试项目建设，在椒江干流下游段（三江村—椒江口）和试点支流永宁江，以及 20km² 重点防洪易涝区开展具有"四预"功能的数字孪生流域示范。依托洪潮防御核心业务，带动流域水利工程运行管理和水资源管理与调配业务的初步应用。利用水利知识引擎，全面调用知识平台，具体体现在以下四个方面：①预报方面，集成"降水—产流—汇流—演进"全过程模型，动态实现未来 3 天洪水预报，力争开展 7 天、10 天的中长期洪水预报；②预警方面，扩展防洪风险影响和薄弱环节判别、主要河流风险防控目标自动识别，分不同预警对象自动预警，预警信息直达一线；③预演方面，重点关注超标准洪水的模拟计算和动态仿真，并实现可视化展示，预演成果辅助决策，辅助预案制定；④预案方面，集成各类防洪方案、调度规则和专家经验等，扩展方案自动生成、场景化业务自动预案提取、多方案比选等功能。

1. 水雨情监测分析

基于椒（灵）江流域多维空间数字底板，结合空间地理信息，整合共享水利、气象、海洋和交通等部门水雨情监测和视频监控信息，为政府部门、企事业单位和社会公众提供水雨情信息、监视和分析。逐小时动态更新水雨情信息。实现流域站点逐小时动态更新实时监测水位信息。

2. 台风监测展示

目前，台风监测主要依靠以气象卫星、多普勒天气雷达、地面自动气象观测站为基础的对台风进行全方位实时监测的综合探测体系。在台风监测预报服务中，借助于风云系列气象卫星获取的每 15 分钟一次的高质量卫星图像，不仅可以掌握台风的业务定位定强信息，而且还可以了解台风未来的动态和降雨信息；沿海多普勒天气雷达网获取的每 6 分钟一次的监测产品则为实时掌握台风定位及强度变化、降水强度和落区的实时监测以及临近预报提供了重要保障；而地面自动气象观测站获取的每 10 分钟一次的地面观测信息则使获取台风风雨影响和业务定位的准确监测信息成为可能，准确的风雨监测信息还可对雷达短时降雨预报进行验证，将其同化到数值预报模式中有助于改善台风数值预报的效果，提高预报精度。

3. 流域洪潮预报

本次流域洪潮预报将在已建的模型基础上进行优化，通过多方法多路径的预报方式提升预报精度，延长预报预见期。

根据雨量站实时降雨数据和气象降雨预报等产品，实现短中期洪水预报及潮位预报；结合定量和定性预报，联动会商、联动校正，提高椒（灵）江流域洪潮预报精度。包括预报基础信息维护、历史水文数据智能管理、预报模型方案集成、预报模型参数率定、自动预报、人工交互预报、分析会商优选发布、洪水影响分析等功能。

4. 自动化预警

（1）潮位监测。在数字孪生应用（L2 精度）上，展示椒江入海口潮位站实时监测信息。包括潮位站名称、潮位站当前潮位。

（2）雨量监测。在数字孪生应用（L2 精度）上，展示椒（灵）江流域雨量站监测信息。包括雨量站名称、柱状图展示 24h 内每小时降雨量。当监测的雨量达到预警阀值，雨量站点以高亮闪烁进行预警提示。

（3）河道水位监测。在数字孪生应用（L2 精度）上，展示椒（灵）江流域河道水位站监测信息。包括河道站名称、位置、当前水位、警戒水位、保证水位信息。当监测的河道水位达到警戒水位或者保证水位，河道水位站点以高亮闪烁进行预警提示。

（4）水库水位监测。在数字孪生应用（L2 精度）上，展示椒（灵）江流域水库水位实时监测信息。包括站名、位置、当前水位、汛限水位。当监测的水库水位达到汛限水位，水库水位站点以高亮闪烁进行预警提示。

（5）重要保护对象风险监测。根据村庄、乡镇相绑定的水位站监测数据，来判定村庄、乡镇的风险等级，按照红色、橙色、黄色、蓝色、绿色作为五种风险等级，并通过数字孪生应用（L2 精度）进行展示。

5. 视频监视告警

在预防洪涝灾害日常安全运行管理方面，结合基础监测数据与预报数据，分析安全情况，结合 AI 图像识别等智慧化手段，识别路面车辆、水中船舶、沿岸人群在辖区内活动情况，自动发出预警，保障人民群众生命财产安全。同时，综合水利部门、港航部门等预报信息，打通部门信息壁垒，实现洪涝预报信息标准化，达到全网发布，精准管控的目的。收集流域内水利工程相关信息，评估堤防、水闸、海塘等水利工程安全情况。对防洪防潮有较大影响的涉水工程，根据其汛期施工方案，结合水动力模型，预先研判对河道行洪的防汛影响。在防汛应急决策指挥调度方面，对重点保护区堤防安全、工程险情、险工险段进行防潮风险分析，评估堤防保护片内淹没情况，自动判断启动相关预案并发布信息，提供最符合险情实际的抢险技术方案和物资、队伍组织方案，为防洪防潮决策提供支持。

6. 预警发布

（1）预警规则研究。实现流域堤防风险五色预警规则的设置，当水位达到不同高度时对应不同的风险等级，并以红色、橙色、黄色、蓝色、绿色作为预警五种等级颜色。洪水预警发布分为专业预警发布和向社会公众的预警发布。

建立预警规则的基础数据库，并提供建立预警规则数据库的工具，对不同区域工具可以直接复用性，提高管理效率。建立自动预警提示机制，并自动生成预警单初稿，并实现预警单与测站的自动关联。实现预警一键发布和自动预警提示。

（2）预警消息模板。能够进行模块添加、修改和删除等操作，定义预警信息的模板。能够对模板的名称和内容进行编辑，然后保存使用。

（3）预警发布。该功能主要用来进行预警的发送，用户可以选择接收人，编辑消息内容，将预演消息发送给接收人。

（4）预警人员管理。实现预警信息与干流各管控区域相关负责人员的绑定，可进行预警接收人员的增加、删除、修改和查询功能。

（5）预警发布接口。该接口提供将预警信息与应急管理部门信息系统的对接，让应急管理部门及时了解椒江流域洪水风险区域。

（6）预警信息管理。提供洪水预警相关各类信息查询的综合汇总功能，实现相关信息均可以由本平台实现查看与对接。提供历史预警的查询与回溯，实现操作留痕与系统统计、分析。

自动接入上级部门的预警信息，并进行数字化管理，建立历史预警信息库，并结合洪水预警数字化规则库进行匹配关联，用以挖掘流域内预警数据价值。

7. 可视化预演

在收集整理分析资料的基础上，开展干流河道精建模、临海古城精细化建模。采用

"利奇马"等场次洪水，对模型进行检验率定，并制作历史洪水推演场景。

基于倾斜摄影的三维平台，融合水利模型计算结果，对河道洪水、地表满溢洪水进行三维可视化表达。提供人机交互窗口，可对历史洪水、实时（预报）洪水、预想调度方案等进行实时计算、可视化预演展示。

8. 干流洪水演进及淹没模拟

通过接入实测水位数据、工程运行状态数据、降雨数据、实测流速等，结合椒江流域数字孪生底板，根据流域下垫面数据以及干流水下地形资料，建立二维、三维重要河段洪水演进及两岸重要保护对象淹没模型，实现椒江流域洪水过程模拟、临海市江北古城墙内淹没模拟，包括洪峰到达时间、洪水淹没水深、淹没范围等，分析展现洪涝灾害的潜在发生范围及程度。

9. 古城洪涝风险分析

本模块建设范围主要为临海古城平原地区。古城洪涝风险分析模块以椒江干流水位（预报水位）、古城区域降雨（预报降雨）等为数据源，基于城市下垫面高精度地形、DEM数据，利用一维、二维水动力数值模型、城市内涝分析模型等，分析及预演古城范围内的河道洪水淹没、内涝洪水淹没，逐时段地展示洪水动态淹没的过程，实时绘制最大淹没范围、淹没水深、淹没历时、洪水到达时间等不同的洪水风险图；分析及预警受影响的居民社区、学校、医院等居民点或重要设施，实时绘制避险转移路径等。

10. 指挥调度预演

结合灾害普查数据，利用三维沙盘场景化交互计算，进行预泄预排分析、单独调度分析预演、库（群）河联合调度分析和溃坝溃堤预演分析，综合考虑实际防洪过程中的时空动态性、不确定性、非线性、高维、多要素耦合联动等特征，利用气象、水文、监测、规划、数学模型模拟、复杂系统优化、不确定性分析、信息化等多个交叉学科的专业技术，同时满足水库安全、防洪保护对象、行洪安全、水库蓄水等不同调度目标，实现精细化、实时性、动态性的流域调度决策作业，提升防汛减灾质效。

11. 场景化智能预案

（1）防洪预案编辑。该模块提供椒江流域防洪预案的电子化处理。提供新建预案的编制、修改、删除、导出功能。通过知识化、场景化智能预案建设，实现预案的结构化分解和知识化管理，将预案与具体业务场景相结合，自动提取预案内容，实现业务应用提示、辅助研判。

（2）流域防洪预案审核管理。当椒江流域防洪预案编制提交后，系统能够将审核事务自动流转至审核人员，审核人员在审核操作中可以在线查看具体预案文本。具体审核人员可通过操作对提交的预案进行审核，审核分为通过、退回两种操作方式，并可录入审核意见。

（3）流域防洪预案人员管理。该模块提供椒江流域各负责区域相关预案执行人员的管理功能，实现与预案执行人员的绑定，预案执行人员的增加、删除、修改和查询功能。

（4）流域防洪预案信息发布。该模块提供椒江流域防洪预案启动后信息发布功能。管理人员选择启动相关预案，经领导通过系统审批同意后，向相关负责人发布预案信息。

（5）流域防洪抢险措施指导。当椒江流域防洪启动预案时，系统自动关联椒江流域防洪预案中的抢险措施，根据不同预警等级，提供用户相应的预警响应措施，指导用户进行应急响应工作。

（6）流域防洪信息关联。对接台州市水管理平台现有物资管理、抢险支持系统，打通上报渠道，物资管理与调配一体化。并建设椒江区域内人群转移避险功能，进一步实现一键避险。并通过和场景化智能预案关联，实现抢险技术方案制定智能化，提升抢险支持辅助决策能力。

系统根据椒江流域防洪预警情况，自动在电子地图中关联展示离预警区域最近的水利工程、抢险队伍、防汛物资仓库等，并提供详细信息查询功能，为领导进行指挥调度和决策提供信息支持。

（7）流域防洪预案执行监管。该模块可查看相关现场处置人员通过移动应用端接收到流域防洪预警预案信息后的信息反馈，以及执行过程中各节点的任务反馈。可查看包括处置人员预警预案信息接收情况，现场险情处置情况，风险隐患上报等信息的查看。同时灾害风险解除后所现场处置人员上报的执行总结，以便预案管理人员总结经验，更新维护当前预案。

（8）流域防洪协同指挥。当椒江流域出现预警、应急响应等信息时，通过推送相关预警信息至相关单位，实现各相关成员单位快速会商。

4.1.6.2.2　水资源管理与调配应用

1. 生态流量管控

生态基流流量管控系统需要对椒江流域内生态流量进行监控和预警，主要接入已有的生态流量监控系统数据，进行流量数据的展示和预警的展示。

2. 水库水资源兴利调度

通过仿真模拟等可视化技术，实现椒江干支流、朱溪水库、长潭水库等在数字化场景的真实再现，构建朱溪水库—长潭水库—城市供水的水源供水调度场景，支撑水源联通概化展示、调度实时监测、供需预报、红线预警等业务应用。

预报预泄是实现汛限水位动态控制的重要方法。将水库预泄过程分为兴利预泄和防洪预泄两个阶段，预报无雨日内按兴利流量下泄，预报有较大来水时水库转入防洪预泄，尽快将超蓄水量下泄。结合未来降雨及洪潮预报，在确保水库安全的前提下，分析水库调度后的可使用水资源量，给出不同情景下水库汛限水位动态控制方案，确定动态控制域上限，以合理调节水库防洪和兴利库容，提高汛末蓄满率，充分利用洪水资源，辅助水资源调度决策，如图 4.6 所示。

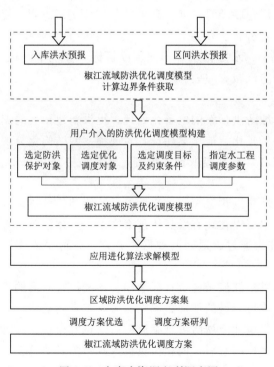

图 4.6　水库水资源兴利调度图

4.1.6.2.3 水利工程运行管理应用

1. 椒江流域水利工程运行管理

台州市水管平台已基本实现水利工程标准化管理，本次重点集成标准化管理系统业务数据，并结合数据底板进行展示，展示内容涵盖工程安全检查、维修养护、防汛管理、注册登记、安全鉴定等重要业务信息。基于水库基础信息和地理信息系统，提供查询、统计等功能，为水库运行管理提供数据支撑、业务保障、决策支持，如图 4.7 所示。

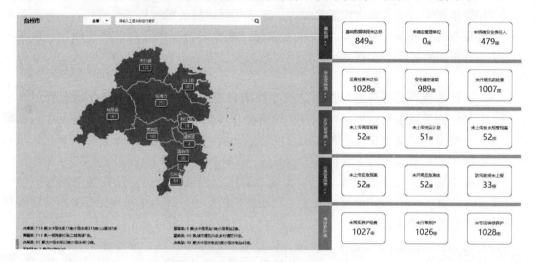

图 4.7　水利工程标准化管理一张图

（1）工程安全监测。对于已经接入台州水利数据仓的椒江流域水利工程，通过椒江流域数字孪生平台展示水库大坝、水闸工程变形、渗流等安全监测数据，并对监测数据进行分析和预测，进而对流域水利工程安全状态进行评价，同时能够将安全预警信息通过平台推送、短信发送等方式及时发布至相关人员，保障信息能够及时、准确地通知相关人员，确保实时掌握堤防运行工况，发现异常及时采取措施处置。

1）在线监测。实时展示各水利工程重要部位最新监测数据及预警数据，帮助用户掌握实时运行状态。展示内容包括监测数据、过程线、预警信息、监测设备完好率、缺测率等内容。

2）图形制作。可以定制并生成各种需要的图形，包括过程线、分布图、断面图、测斜图等。绘制时支持图幅、坐标轴、线性、颜色、标记等各类属性自定义设置。绘制图形应为矢量图，支持缩放，能够导出成图片或导出到 Word 文档。所有定制均可通过可视化的操作完成，具有较好的易用性。

（2）河道变化模拟分析。通过对灵江、椒江干流河道建立平面二维、三维数学模型，针对河道扩宽等规划，对工程实施前后的河道流场进行动态模拟，对比分析方案实施前后河道流场的变化情况。

2. 永宁江流域水利工程运行管理

永宁江流域试验段主要聚焦流域防洪、水利工程运行管理，具体功能设计如下。

（1）工程数字一张图。以 BIM 和 GIS 为基底，将工程数字化管理和流域一张图汇总切换展示，分别叠加动态数据，包括：实时水雨情、安全监测、视频、闸门、设备基础信息（包括设备档案等资料）。二维 GIS 还叠加静态数据，包括工程基础数据如：河流、湖泊、水利工程（水库、水闸、堤防、山塘、水塘、泵站）、防洪保护区、形势研判数据如：薄弱环节、风险点、隐患点、易灾易涝区域、水库纳蓄、历史洪水淹没图。三维叠加业务应用场景展示，包括全局状态总览、虚拟化巡查巡检、工单元素化操作、调度过程仿真、预警精准联动。

（2）防汛调度。防汛调度模块定位为实现永宁江流域防汛形势实时研判，一键研判防汛形势风险与薄弱环节。利用水文水动力模型，综合研判工程安全、纳蓄能力、行洪能力，动态分析洪水风险。实现永宁江流域防汛的智慧决策，为调度指挥提供有力的数值分析保障。

（3）运行管理。运行管理模块的定位是在满足浙江省水利工程标准化运行管理要求下，结合永宁江流域水利工程运行管理实际情况及现有标化管理系统成果，进行工程标准化运行管理建设，实现数据整合和高贴合度功能升级，将各项运行管理业务电子化。给永宁江事务所中心打造实用的一套运行管理系统。

（4）安全管护。安全管护模块定位为通过对闸门的监测、视频监控及空间管护的分析，提升永宁江流域工程安全维护及生命活动管护的能力，助力于永宁江事务所管理人员进行日常安全管护工作。

（5）应急管理。通过构建应急预案、应急响应、应急演练、应急评估、防汛物资管理、工程保护等模块支撑流域内突发应急情况，安全管护模块定位为通过对闸门的监测、视频监控及空间管护的分析，提升永宁江事务所对永宁江流域工程安全维护及生命活动管护的能力。

（6）数字档案。数字档案模块定位为永宁江事务所中心在工程生命周期中形成具体保存价值的文件、资料进行归档的模块，并提供科学的档案管理机制，助于增强永宁江事务所中心技术和知识的储备，在关键时刻发挥档案的依据和凭证作用。

3. 朱溪水库运行管理

以朱溪水库为试点功能，其数字化场景的具体功能设计如下：

（1）智慧数字化运维。利用精细化数字模型为运维对象，打通数字化运维对象与构件的关联关系，建立对象差异化的在线运维管理机制、运维评价机制，并将各类运维痕迹（台账、记录）与数字模型共生共长，在此基础上形成工程动态健康码管理机制，实现水库日常运维业务的数字化、可视化、精细化管理，保障工程运行安全、提高管理效率、降低运维成本、实现运营提质增效。

（2）智能空间管控。利用 AI 智能图像识别能力、无人机巡查系统，构建水库智能空间管控功能，能通过识别算法对特定物体、行为进行识别抓拍，能联动平台应用进行弹窗报警，针对不同区域构建不同识别内容及异常记录管理、预警、处置等应用，便于水库管理人员及时了解各空间安全状况，更直观、迅速地反映现场图像和声光报警情况，实现节约管理成本、提升监管效能、保障区域安全、消除潜在隐患等目标。

（3）智能监测分析。结合朱溪水库管理对象特点，基于工程安全运行、供水等水资源保障、生态流量保障等工程管理要求，建立涵盖工程安全、水雨情、水资源等的监测分析系统，实现在线监测、在线分析、在线预警、在线管控等目标，保障工程的安全稳定运行。

（4）智慧调度决策。建立水库智慧调度决策系统，在气象、水雨情预报基础上，依据水库不同调度目标、不同决策场景的需求，通过智慧调度决策分析，为朱溪水库提供科学合理、优化可靠的调度决策依据，为工程安全稳定、经济运行提供可能。

（5）综合指挥。在各单一业务应用系统的基础上，以各运管业务事项为核心，提炼融合相关数据信息，呈现可视化更强、可交互性更优越的主题式综合指挥场景，以满足管理人员综合指挥的目的，实现信息的及时掌握，业务的随时处理，并提供丰富的可视化效果。

4.1.6.2.4 综合展示

1. 综合首页

综合首页展示流域防洪防潮和水资源管理与调度等应用的重要信息和整体统计数据，包括基于水利底图的重要站点水雨情、各县区雨量统计、重要河道和水库站点的水位、大中型水库的纳蓄能力、值班信息、重要咨询和待办任务等内容。

2. 水利一张图展示

以浙江省水利一张图（L2级数据底板）为基础底图，以国产超图 GIS 平台为技术支撑，逐步完善台州市椒江流域河流水系和涉河涉堤建筑物等，实现基础地理、水利专题、涉水建筑等多源数据融合和图属一体化管理，进一步完善具有水利特色、全市统一的水利电子地图，为全市水利业务提供统一地图服务、空间拓扑分析等空间地理支撑。同时提供图层分析工具，包括标绘、数据导出、多图对比和测量，对图层进行精准分析，辅助决策。

4.1.6.2.5 大屏端应用

数据大屏主要由 8 个页面组成，包括水雨情监测、洪潮预报、防汛形势研判、预警发布、防洪调度、抢险支持、水资源管理与调度以及水利工程运行管理。

1. 水雨情监测

水雨情监测页面展示近24h 面雨量、重点断面水位、大中型水库水位等内容；显示当前降雨、水库水情、河道水情、降雨预报、雷达云图和台风路径等信息，其中台风路径接入浙江省水利厅台风路径实时发布系统。

2. 洪潮预报

洪水预报页面主要展示洪水预报过程线水位数据。洪潮预报主要为重点河道断面的未来1天、3天、7天的潮位、水位和流量趋势预报。

通过自动或定时洪水预报实现无人值守预报，并根据预报成果进行预警，以应对突发性洪水的风险。

通过自动提取预报方案所需的实时预报数据，研究不同预报方案的标准化接口，展示不同类型预报方案的输出成果，实现参数输入、模型计算、结果输出的实时交互预报功能。

提供不同模型方案分析、统计、优选等功能，协助预报员对预报成果进行修改调整、会商、发布。

3. 防汛形势研判

防汛形势研判页面主要展示水库纳蓄能力、实时风险、防洪保护区等数据。

进入模块后默认在地图上以聚合的形式展示所有的水库工程，并标注水库的名称。展示水库类型、安全鉴定等级、工程等级、工程规模、防洪高水位、正常蓄水位、台汛期汛限水位、防洪限制水位库容、总库容、防洪库容、坝址控制流域面积、水库所在位置以及调度权限等信息。

4. 预警发布

预警发布页面主要展示洪水预警数据。地图上对应的标注可展示详细信息。提供历史预警的查询与回溯，实现操作留痕与系统统计、分析。

建立自动预警提示机制，并自动生成预警单初稿，并实现预警单与测站的自动关联。实现预警一键发布和自动预警提示。

对主要站点开展洪水作业预报预警，当预警站水位达到设定预警标准水位时，及时启动或调整相应的洪水预警信号。

5. 防洪调度

防洪调度页面主要由水库纳蓄能力、水库断面状态统计图和当前水库下泄数据、概化图、水库调度令、联合调度和水库水位库容关系曲线组成。

系统概化图展示整个椒江流域大中型水库的上下游关系。防洪调度一张图页面可在地图上展示椒江流域大中型水库，并展示泄流列表数据，包括当前泄流水库数量统计、水库名称、实时水位、调度操作等。

6. 抢险支持

抢险支持页面主要由流域内物资仓库、抢险队伍和抢险专家分布图组成。

物资统计部分主要包括流域内重点物资统计和分类物资统计。仓库队伍统计主要包括抢险仓库数量统计、抢险队伍数量统计。抢险支持一张图页面地图默认展示用户当前地理位置对应的行政区划下的仓库、队伍分布情况。地图上显示仓库、队伍按钮，点击相应的按钮可以取消显示/显示地图上的仓库、队伍。

7. 水资源管理与调度

主要展示生态流量数据的监控和预警信息，以及汛前汛末水库水位和水量的对比信息。

8. 水利工程运行管理

接入朱溪水库、永宁江大闸的大屏应用，以 BIM 和 GIS 为基底，将工程数字化管理和流域一张图汇总切换展示，分别叠加动态数据，包括：实时水雨情、安全监测、视频、闸门、设备基础信息（包括设备档案等资料）。二维 GIS 还叠加静态数据，包括工程基础数据如：河流、湖泊、水利工程（水库、水闸、堤防、山塘、水塘、泵站）、防洪保护区、形势研判数据如：薄弱环节、风险点、隐患点、易灾易涝区域、水库纳蓄、历史洪水淹没图。

4.1.6.2.6　移动端应用

移动端按照"浙政钉应用设计规范""浙政钉应用接口设计规范"和"浙政钉应用验收规范"进行建设，并完成浙政钉上架部署。

移动应用主要由9个模块组成，包括一张图、水雨情监测、洪潮预报、防汛形势研判、防洪调度、抢险支持、水资源管理与调度，水利工程运行管理，以及我的模块。

1. 一张图

（1）首页。一张图主要包含水库、堤防等要素。进入一张图后，根据当前的定位展示周边的要素并且可以通过切换更多来筛选地图展示的内容。当前一张图主要展示水库、堤防要素。

（2）大中型水库。大中型水库列表页面主要分为头部筛选功能和下方筛选结果列表展示。列表根据水库的规模分类展示，每一类都可折叠。点击筛选可根据水库规模、行政区划、安全鉴定等级对水库进行组合筛选，点击确定按钮返回筛选结果，点击重置按钮，清空筛选要素。

（3）小型水库。小型水库列表页面根据行政区划划分小型水库，每个行政区划后面显示具体的小型水库数量。

（4）堤防。点击首页堤防图层的全部堤防按钮可以跳转到堤防列表页面。堤防列表页面头部为筛选功能，筛选可根据堤防等级、行政区划组合筛选。

（5）水闸工程。水闸工程列表页面显示流域水闸工程及基本信息。

2. 水雨情监测

水雨情监测主要包括水雨情统计页面、水雨情一张图展示页面、洪水预警页面等。

3. 洪潮预报

洪水预报页面主要展示洪水预报过程线水位数据。洪潮预报主要为重点河道断面的未来1天、3天、7天的潮位、水位和流量趋势预报。

通过自动或定时洪水预报实现无人值守预报，并根据预报成果进行预警，以应对突发性洪水的风险。

4. 防汛形势研判

（1）首页。防汛形势研判首页分为水库统计信息和防洪保护区统计信息。

（2）研判一张图页面。进入模块后默认在地图上以聚合的形式展示所有的水库工程，并标注水库的名称。

（3）列表页。通过点击首页页面下部的列表头部的全部大中型水库文字，可以跳转到相应的列表页。点击弹出筛选条件，目前可根据水库规模大（1）型、大（2）型、中型以及水库安全鉴定等级一类、二类、三类。

（4）详情页。详情页主要展示水库的一些静态属性，主要包括水库类型、安全鉴定等级、工程等级、工程规模、防洪高水位、正常蓄水位、台汛期汛限水位、防洪限制水位库容、总库容、防洪库容、坝址控制流域面积、水库所在位置以及调度权限等。

（5）防汛安全检查。防汛安全检查分为打卡、上报、汇总、审核4个流程节点以及详情页面。打卡页面主要包括工程名称、工程类型、检查类型、检查组长、检查期限、检查组成员、任务描述等8项基本信息的内容，其中需要在地图上展示工程的地理位置。打卡页面除基本信息外，还需要展示当前打卡情况，在打卡页面可以现场拍照上传，确认后可以点击确认打卡按钮记录实时打卡位置。

5. 防洪调度

(1) 系统概化图。系统概化图为联合调度移动端首页，展示整个椒江流域大中型水库的上下游关系。

(2) 防洪调度一张图页面。进入防洪调度一张图页面可在地图上展示椒江流域大中型水库，并展示泄流列表数据，包括当前泄流水库数量统计、水库名称、实时水位、调度操作等。

(3) 调度令管理。调度令列表根据年份进行倒序展示，每一条列表数据展示调度令发布时间及调度水库。点击每一个调度令文件可展示调度令详情，包括调度令名称、编号、签发人、发往单位、发出时间、调度内容、抄送单位等。每一个调度令都经过拟稿人拟定调度令名称、编号、发往单位、发出时间、调度内容、抄送单位后发送签发人进行审核，审核通过后将该调度令签。

6. 抢险支持

(1) 物资统计。物资统计部分主要包括流域内重点物资统计和分类物资统计。

(2) 仓库、队伍统计。仓库队伍统计主要包括抢险仓库数量统计、抢险队伍数量统计。

(3) 抢险支持一张图页面。地图默认展示用户当前地理位置对应的行政区划下的仓库、队伍分布情况。地图上显示仓库、队伍按钮，点击相应的按钮可以取消/显示地图上的仓库、队伍。

7. 水资源管理与调度

水资源管理与调度主要用于：①查询生态流量数据的监控和预警信息，当出现监测异常时，接收异常信息提醒；②查询汛前汛末水库水位和水量信息。

8. 水利工程运行管理

水利工程运行管理主要用于查询工程基本信息、巡视检查、维修养护、安全鉴定、监测数据（如水库、渗流等）等信息，当出现监测异常时，接收异常信息提醒。

9. 我的模块

我的模块主要包括用户基本信息展示、我的反馈、我的任务、关于我们等。

(1) 基本信息展示。展示当前用户基本信息。

(2) 我的反馈。为用户反馈入口，可新增用户反馈、展示反馈列表、查看反馈详情等。为用户任务入口，可处理流程中的任务、查看任务详情等。

(3) 我的任务。分为未处理和已处理。未处理任务即待办任务。我的任务列表右上角为任务类型，目前包括山洪预警、洪水预警、防汛安全检查、调度令四种，可通过任务类型筛选任务列表展示的内容。已处理任务列表页展示内容与未处理任务列表页相同，点击单元格进入任务详情页面。

(4) 关于我们。展示为当前应用版本信息。

10. 浙政钉上架

(1) 上架自查。为保证应用上线的平稳运营，不造成运营风险，应用上线之前需要执行安全自查。

1) 说明应用的可见范围。

2）通信录读取。

（2）上架审批。应用开发测试完毕后，根据"浙政钉"要求，填写上架申请表，并提供相应的审批材料，并配合业主单位负责人员发起上架申请。

（3）接入稳定性监控平台。所有上架到"浙政钉"的应用需要接入稳定性监控平台。

接入方式：小程序上架自动接入，微应用上架审批通过后，接入代码会连同 appkey 一起给到申请人，需要将接入代码加入应用的 HTML 页面（单页应用添加首页，非单页应用每个页面都需要添加）。

稳定性平台会监控应用的一些性能指标，不涉及业务数据的监控。

（4）压测。应用的压测主要考虑压测数据接口，压测的 URL 跟应用域名地址保持一致，压测的并发量不低于 50。

（5）应用免登。需要打通免登功能。将用户信息保存在前端缓（dd. setStorage）或者 cookie 中，避免每次进入应用都调用钉钉接口进行免登。

用户表中新增字段用于存储钉的 userId。用户免登失败，可以跳转到一个登录页或者无权限的提示页面，避免白屏出现。

4.1.6.3 业务系统集成及数据融合

主要是对数字孪生永宁江闸应用系统和数字孪生朱溪水库应用系统进行集成和数据融合。集成数字孪生永宁江闸应用系统和数字孪生朱溪水库应用系统。

4.1.7 数据共享及中心数据库建设方案

4.1.7.1 数据归集及接入

1. 数据归集及接入范围

数据归集主要针对两大类的数据进行操作，一类是对浙江省、台州市一体化智能化平台上的公共数据进行申请、治理然后离线同步归集至数据库中，另一类是在政务外网上与相关的数据进行的定时交换。

通过两大类的数据的归集，实现数据池和各业务系统的有机结合，实现数据的采集、转换、传输、融合和加载。解决跨部门跨业务的数据共享。

数据归集的目录如下：

（1）同级跨部门数据共享清单（表 4.6）。

表 4.6 同级跨部门共享清单

序号	数据资源类别	数 据 项	数据来源
1	基础地理	地理空间数据（地类覆盖、交通道路）	自然资源
2		地质灾害隐患点（名称、地理坐标、风险类型、等级）	
3		承灾体信息（威胁户数、人口、地理坐标）	
4		地质灾害巡查责任人信息（姓名、手机号）	
5		地质灾害实时预警信息（灾害点、预警对象、时间、预警等级、预警内容）	
6		地质灾害防范区雨量、位移、变形等监测数据	

续表

序号	数据资源类别	数 据 项	数据来源
7	社会经济	人口、企业、GDP 等	经信、发改
8	气象预报	气象预报数据（未来 1h、3h、6h、24h 网格预报数据）	气象
9		实时更新的暴雨预警、地灾气象预警、山洪气象预警信息	
10	应急管理	基层防汛责任人（包括县、乡、村三级责任人体系，姓名、手机号，需确认是否有山洪预警责任人和转移责任人）	应急管理部门
11		基层防汛防台形势图（村名、形势图）	
12		应转移人数	
13		实时转移人数（安置点人数、投亲靠友人数）	
14		安置点（名称、地理坐标、容纳人数、管理员、手机号）	
15		安置点视频监控（位置、视频流）	
16		物资仓库（名称、地理坐标、面积、物资、管理员、手机号）	
17		抢险队伍（名称、主管单位、队伍类型、地址、人数、负责人、手机号、主要救援装备）	
18		老弱妇幼等重点关注人群（姓名、人数、责任人及手机号）	
19		应急响应信息（响应类型、响应等级、启动时间）	
20		船舶信息（航线、实时位置、进/出港报告）	
21		道路信息（国道省道公路路网基本情况、交通信息）	
22		景区信息（名称、地理坐标、管理员、手机号）	

（2）跨层级数据共享清单（表 4.7）。

表 4.7　　　　　　　　　　　跨 层 级 共 享 清 单

序号	共享对象/方式			共享数据分类	共享数据成果	更新频次
	省内	流域委员会	水利部			
数 据 底 板						
1	根据业务权限和需求，面向行业内、外提供数据共享服务 API 接口共享			流域遥感影像数据底板（DOM）	椒江流域范围，优于 1m 精度；朱溪水库保护范围，优于 1m 精度	按需更新
2				流域数字高程数据底板（DEM）	椒江流域范围，5m×5m 精度；朱溪水库工程为主体的流域范围（168.9km²），格网大小优于 2m	按需更新
3				重点区域倾斜摄影数据底板	临海古城（总面积 25km²），精度 5cm；朱溪水库坝区、管理区及库区，精度优于 3cm 分辨率	按需更新
4				重点河段水上地形	1:2000 重点河段（总面积 220km²）	按需更新
5				重点河段水下地形	重点河段（长度：70km），采样间距 1000m	按需更新
6				工程土建、综合管网、机电设备等 BIM 模型	朱溪水库、永宁江大闸 2 个重点水利工程 LOD2.0	按需更新
7				闸门、发电机、水轮机等关键机电设备 BIM 模型	朱溪水库、永宁江大闸 2 个重点水利工程 LOD3.0	按需更新

续表

序号	共享对象/方式			共享数据分类			共享数据成果	更新频次
	省内	流域委员会	水利部					
				水 利 感 知 网				
8	根据业务权限和需求，面向行业内、外提供数据共享服务 API 接口共享			水旱灾害防御			新增水位站6处，改造水位站8处，新增永宁江闸专业水文站1处，永宁江闸闸下潮位站1处；朱溪水库9个遥测站（6个雨量站，1个雨量、水位、蒸发站，2个水位、流量站）；雨量站设于苗寮、板彭、溪上、梅岙、外田厂、大洪；雨量、水位、蒸发站设于水库坝上；水位、流量站设于防洪控制断面的下回头水文站和水库坝下）	实时更新
9				工程建设与运行管理			永宁江大闸工程观测数据 朱溪水库拦河坝、发电厂房、输水堰坝及输水隧洞等主要建筑物的观测数据	实时更新
10				水资源管理			朱溪水库库区水量监测数据	实时更新
11				水资源节约与保护			朱溪水库输水隧洞的首端和尾端各建设10参数固定水质站共2个	实时更新
				模 型 平 台				
12	根据业务权限和需求，面向行业内、外提供数据共享服务 API 接口共享			构建水利专业模型	水文预报模型	山丘区水文模型	建模范围1：灵江、始丰溪、永安溪三江交汇口至椒江河口 建模范围2：长潭水库坝址至永宁江大闸，包括西江平原区间汇水面积	按需更新
					水动力学模型	一维水动力演进模型	椒江干流一维河道水动力模型模拟干流河道洪水演进过程；永宁江流域长潭水库至永宁江闸之间流域面积445平方公里范围的河网	按需更新
						二维水动力演进模型	易涝区二维模型构建模拟降雨后区域淹没情况	按需更新
					水工程调度模型		包括里石门水库、下岸水库以及牛头山水库，建立联合调度模型；朱溪水库洪水预测预报调度模型	按需更新
					风暴潮预报模型		椒江河口，模拟计算河口及毗邻区域风暴潮潮位	按需更新
					水资源调度模型	来水预报模型	朱溪水库可供水量预测；未来年、旬、月时段需水量预测	按需更新
						调度模型	基于水源地来水预测和需水预测的结果，对朱溪水库的总体水量平衡进行估计和分析，形成水源地中长期水量调度方案	按需更新
					工程安全综合预警模型		共享工程安全综合预警模型分析结果	按需更新
13				调用智能识别模型			视觉智能模型，识别相关水事事件，如大坝、水闸等工程建筑物保护范围内人员入侵识别，溢洪道、闸门前漂浮物阻水等结果	按需更新

序号	共享对象/方式			共享数据分类	共享数据成果	更新频次
	省内	流域委员会	水利部			
				水 利 知 识 平 台		
14	根据业务权限和需求，面向行业内、外提供数据共享服务 API 接口共享			构建椒江知识库	水利对象基础信息及相互关系、洪水预报调度方案、防洪预案、超标洪水应急预案、防洪工程调度规则、流域防洪经验等	按需更新
				业 务 应 用		
15	根据业务权限和需求，面向行业内和行业外提供数据共享服务 API 接口共享			流域防洪业务应用	1. 共享全省水文站网监测信息、水利工程调度信息、山洪监测信息。 2. 共享椒江干流、临海古城、永宁江流域洪水预报、洪水演进及工程调度预案成果	按需更新
				水资源管理与调配应用	1. 生态流量管控：对椒江流域内生态流量监控系统数据进行共享。 2. 水库水资源调度：构建朱溪水库-长潭水库-城市供水的水源供水调度场景，支撑水源联通概化展示、调度实时监测、供需预报、红线预警等业务应用	按需更新
				水库工程运行管理	1. 工程安全检查、维修养护、防汛管理、注册登记、安全鉴定等重要业务信息。 2. 流域重要水利工程安全监测数据。 3. 朱溪水库、永宁江大闸运行状态预测、风险预警、状态预演、处置预案成果。 4. 朱溪水库、永宁江大闸 BIM 应用成果，包括基于 BIM 的设施设备运维管理、基于 BIM 的设施设备告警、基于 BIM 的视频巡检	按需更新

2. 数据归集方式

系统中用数据同步与数据交换结合的模式进行归集，数据同步解决源系统原始数据在不影响业务系统性能的前提下的增量数据实时捕获；数据交换则在数据池端实现数据转换清洗，实现高可用的数据资源。

针对部署在电子政务外资源共享区（VPN2）的业务数据库，通过直接采集生产数据库数据（或生产数据库镜像库）的方式进行采集。首次采集采用全量方式抽取，由于全量抽取对网络和生产库会带来一定的压力，全量抽取一般安排在非工作时段进行。后续通过采集数据库日志方式，实时抽取生产库增量数据。

4.1.7.2　数据治理服务

1. 数据清洗

数据清洗指对各部门业务系统抽取需归集到平台的基础地理、社会经济、气象预报、应急管理等数据进行清洗处理，数据清洗主要是针对源数据库中出现二义性、重复、不完整、违反业务或逻辑规则等问题的数据进行统一的处理，一般包括如：NULL 值处理，日期格式转换，数据类型转换等。

2. 数据去重

数据去重主要对结构化数据采用同一时间窗口比对、基于哈希算法比对等方式去除重复数据。数据去重主要包括匹配和重复记录消除两部分。

3. 数据补全

当数据存在缺失情况时，除了对其进行清洗操作外，还可以通过缺失值处理方式。通过统计法、模型法、专家补全等方法将缺失的数据补上，从而形成完整的数据记录。主要是对人员的基础数据、评价数据、事件数据等相关数据项进行补全。

4. 数据转换

由于归集的数据来自多个部门多平台所开发的系统。不同系统有不同的数据结构定义，数据汇聚在一起后就会产生数据格式不规范统一、数据命名不规范统一、数据编码不规范统一、数据标识不规范统一。这样的数据是无法支撑业务应用需要的，因此将不规范的数值改为规范这一步不可或缺，通过设置统一标准如国标、地方安全标准等对字段进行值转换。涉及数据转换的数据包括但不限于地址数据、通信信息等

5. 数据关联

数据关联需要完成在不同数据集之间的关联，实现在不同数据集的联动，为数据治理、业务应用的需求提供支撑。需根据标准数据元、数据字典形成原始数据与标准体系的关联，需实现数据表与表、字段与字段之间的关联。将同源信息加以整合，提高信息的唯一性和时效性。

6. 数据比对

通过数据比对，实现对两个数据集中的数据内容、数据格式的比较核查，找出相同的数据或不同的数据。针对不一致的数据，系统需要制定数据比对的规则，确定数据采信的原则，设置数据置信度，根据数据比对的结果，通过自动或人工方式对数据进行纠正。主要涉及人的基本信息、人物关系、社会关联等相关信息。

7. 数据标识

数据标识通过识别数据然后打上标签，然后提供给人工智能算法模型。标签规则库提供标签的定义、内容、版本、关联等，通过读取标签规则库的内容，对数据进行映射，通过人工或智能的方式实现对数据打标，通过标签设计提升数据的价值密度，并为上层应用提供支撑。

8. 数据质量分析

主要针对准确性、完整性和一致性对数据值的质量进行分析。通常情况下，原始数据中都会存在不完整（有缺失值）、不一致、数据异常等问题，这些脏数据会降低数据的质量，影响数据分析的结果。

4.1.7.3　数据管理服务

1. 脱敏服务

考虑到数字孪生平台数据的敏感性，涉及用户的多样性，根据部分数据可用不可见的原则，部署数据脱敏系统，对本系统数据库敏感数据进行数据脱敏。

数据脱敏系统是面向敏感数据进行数据自动发现、数据脱敏的专业的数据安全脱敏产品。可实现自动化发现源数据中的敏感数据，并对敏感数据按需进行漂白、变形、遮盖等处理，避免敏感信息泄露。同时又能保证脱敏后的输出数据能够保持数据的一致性和业务的关联性。

2. 数据库内部权限管控

数据库内部权限管控主要是实现运维过程中的细粒度的权限管控及事后审计问题。其主要目标自然是实现运维人员、开发人员、业务操作人员的管理。包括运维人员、开发人员、业务操作人员的正确识别，避免非运维人员利用运维工具访问。对敏感数据进行定义与分级分类，对特权账户进行统一管理，防止敏感数据被越权。同时为避免数据库运维过程中的误操作行为，建立危险操作访问控制与数据恢复机制。

3. 数据资源维护

对进入风险库的数据进行管理。明确每项数据资源的管理属性，包括所有权、修改权、使用权；标识资源的创建日期、修改日期和其他标识性属性。数据资源维护是管理员对系统中的数据资源进行管理的工具。系统对用户需要区别开放的数据都需要在资源信息维护表中记录。未在数据资源表中记录的数据将不参与数据权限过滤，即系统所有用户默认拥有这些未记录数据的数据权限。数据资源表需要记录数据字段的中文名称、对应的表名、字段名、资源开放状态等基本信息。数据信息维护提供数据资源的增、删、改、查等基本操作。

4. 信息授权管理

为保证信息安全，信息需经管理员和信息提供部门分配信息开放级别；信息需求部门申请查询授权，信息提供部门审批授权以及查看授权信息数据。

针对其他部门的相关应用，需要申请数据接口进行数据共享应用时，需在平台注册应用，通过系统管理员审批后，获取应用授权码，关联已提交申请的数据资源接口服务，调用接口数据。系统提供接口调用监控、接口访问权限、访问时限等功能。

5. 运行监控

实时监控数据采集过程中运行状况，在系统出现状况时能快速地定位问题。提供对部署在服务器里的任务流程、转换流程的运行状态、运行结果、日志、执行性能进行查看。

实时监控数据共享运行情况，包括使用部门、频率、操作内容、数据流量、运行状态、非法使用。

6. 分级分类

项目涉及各类高度敏感的数据，为确保数据安全使用，需要对数据进行分级分类，根据《DB33_T 2351—2021（L1）数字化改革 公共数据分类分级指南》要求进行开发。

7. 数据血缘管理

依靠 ODPS 及 DataWorks 服务或者数据仓本身具备的数据地图功能。在维数据分析中，对多源异构的数据经过清洗，ETL 相关操作之后，形成相互关联的数据形态，同时便于找寻所需要的数据。

同时根据数据血缘管理，可以反向根据数据产生的链路来定位到来源数据有异常并继续向前回溯，直至定位问题。

4.1.7.4 数据共享及开放服务

数据共享及开放服务主要用于可以控制和允许的情况下让外部或者内部人员访问。为各部门、单位提供大数据建设、管理及应用服务。

(1)数据集选择。选取将要开放的数据集是数据开放与共享的第一步,涉及政府数据或者个人数据,需要数据的发布者事先制定数据开放的标准以及对数据进行分级处理。

(2)开放许可协议。限制第三方在没有被许可授权的情况下对数据进行使用加工。在选择好待发布的数据集后,对这些数据集应用相关的许可协议。

(3)数据发现与获取。选择好数据开放协议后,数据发布者可将数据集发布到相应服务中。数据发布者应当保证数据是可访问可获取的,且能提供机器能够访问的文件格式。

数据资源共享是通过服务对外提供的,系统总共提供三种方式:

数据服务方式:针对应用系统或者外单位需要调阅数据,则直接提供符合 SDO 规范的 Web Service 数据服务,实现对数据的基本查询。如果此项数据服务具有业务流程要求,则提供符合 SCA 规范的 Web Service 应用服务实现包含业务的数据查询。Web Service 可以用 SOAP 以及 REST 两种服务形式提供,默认使用 REST 方式提供。

目录方式:对于不能直接访问数据库的需求,则通过把业务所需的数据输出到相关目录供相关单位查阅的方式,此方式在内外网数据调阅的时候比较常用(因为要通过摆渡设备交换数据)。

Portlet Web 组件方式:系统支持一种特殊形式的服务,符合 SCA 规范,这些服务支持被门户以页面组件的形式调用,并在门户中直接展示,这些服务包含多维分析展示服务、表单展示服务、GIS 展示服务等。

4.1.7.5 中心数据库建设

基于台州市水利数据仓,在现有数据基础上,梳理需归集的椒江流域洪潮防御相关业务数据,补充收集涉及的基础数据,建设椒江流域洪潮专题数据库,包括基础数据库、监测数据库、业务数据库和地理空间数据库等内容。

4.1.8 项目边界与接口设计方案

4.1.8.1 与台州市水管理平台的边界

椒江流域数字孪生流域统一工作平台,以浙政钉和浙里九龙联动治水为用户入口,并与台州市水管理平台的用户权限进行对接。

台州市水管理平台为九龙联动治水的应用平台,"数字孪生流域"作为九龙联动治水的重要组成部分,主要用于构建数字孪生数据底板,本项目业务应用基于台州市水管理平台打造。所需的监测数据,包括水文、水资源、水灾害、水利工程等水利业务的监测数据,如降雨、台风、水位、潮位、洪峰流量、生态流量等可通过台州市水管理平台水利数据仓获取。

4.1.8.2 统一接口及系统对接建设

与台州市一体化智能化公共数据平台进行对接,实现数据归集和交互功能。通过系统对接实现与市公共数据平台基础域、共享域、开放域的对接,实现目录归集与推送、数据共享目录推送、数据共享申请、数据开放数据对接等。

4.1.9 信创适配设计方案

本次项目建设的数字孪生椒江建设先行先试应用要根据信创的需求进行适配，本期只做终端适配。信创中间件，数据库等方面的产品及适配不在本期实施范围内。

根据信创终端、操作系统和信创浏览器的要求，对页面的布局、页面的元素、表格的样式、系统空间进行适配改造。主要包括浏览器渲染引擎优化、JS 解析引擎优化、控件参数优化等。通过上述优化满足信创终端系统访问的要求。

4.1.9.1 适配国产操作系统

项目除了对 Windows 系统适用外，PC 端还支持国产操作系统，目前国产操作系统包括有：UOS 统信操作系统、深度操作系统（deepin）、中标麒麟、银河麒麟、中兴新支点等。

项目计划适配 UOS 统信操作系统，具体以实际采购为准。

4.1.9.2 适配国产浏览器

项目 PC 端建设需适配国产浏览器，同时兼容主流浏览器（火狐浏览器、谷歌浏览器、360 浏览器），保障信创和非信创浏览器的终端用户正常操作使用。

4.2 数字孪生系统

天地图服务、水情预报基础地理信息库、水文数据库、预报调度库等作为数据来源，分级加载和显示 DLG、DEM、DOM、DSM 等三维 GIS 数据；实现二维、三维地图漫游、平移缩放、自动和人工交互控制；并基于三维 WebGIS 标注水文监测站网（点），标注实时观测数据；加载水库、河道等水域面，根据水情预警标准进行风险渲染；洪潮涝风险展示，包括水域（水库、河道、沿海潮位）水位和预警信息展示，二维、三维水域风险和陆域淹没水深、淹没历时、流速流向展示；近海潮位和风暴潮增水根据网格点高程（包括增水高度）、流场，并基于三维 WebGIS 服务引擎提供动态模拟等，将现实流域场景数字化。最终通过预报气象信息、人工预报调度操作，根据预报调度方案进行方案预演，判断预报调度后的洪水淹没情况，并将结果进行可视化展示。

第5章 椒（灵）江流域数字化平台

5.1 系统登录

椒（灵）江流域数字化平台包括椒（灵）江流域洪水预报调度一体化系统和数字孪生系统。登录界面如图5.1所示。

图5.1 系统登录界面图

5.2 方案生成

说明：基于预报降雨数据进行预报作业，在左侧页面选择人工干预类型，可使用预报降雨数据和典型暴雨数据作为输入。

5.2.1 直接插入典型暴雨干预预报

选择预报调度-预报作业-人工干预编辑区。

1. 点击选择典型暴雨

勾选典型暴雨场次，地图展示该典型暴雨的累计降雨量。

2. 点击【对比展示】

将展示选择典型暴雨的降雨情况与当前时段未来24h的预计降雨对比（图5.2）。

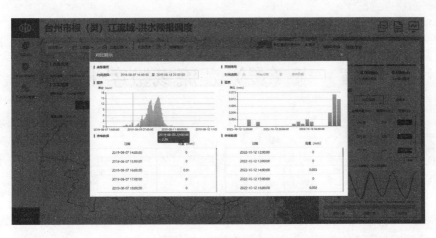

图 5.2　预计降雨对比

　　勾选典型暴雨后可点击【预报计算】直接进行干预预报，输入雨量为"当前时刻之前48h实测降雨＋典型暴雨全过程降雨"。

　　计算完成后，系统提示预报计算成功（图 5.3）。

　　地图展示预报计算后的降雨数据，页面的柱状图展示实时预报与预报雨量。

　　选择典型暴雨开始时刻插入的时间，当典型暴雨与实测暴雨重叠，采用实测数据（图5.4）。

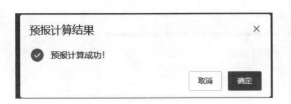

图 5.3　系统提示预报计算成功

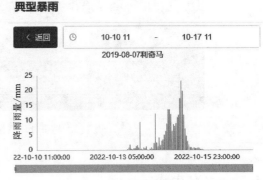

图 5.4　实测数据图

　　如果对结果满意可点击方案保存，方案将在方案成果中展示显示，保存后方案可用于调度模拟或会商研判。

5.2.2　直接插入典型暴雨干预预报

　　（1）3小时后，选择目标典型暴雨，点击进入雨量干预界面（图 5.5）。

　　（2）拖动按钮至需要插入暴雨的时间，如当前时刻之后 3 小时，点击【插入】。

　　（3）点击【确认】，完成操作。

　　（4）点击【预报计算】完成操作，页面展示结果。

　　（5）如果对结果满意可点击【方案保存】，保存后方案可用于调度模拟或会商研判。

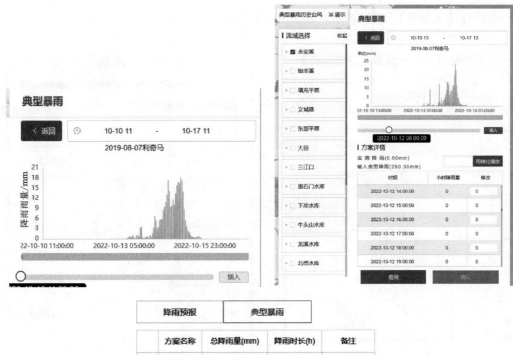

图 5.5 暴雨干预预报

5.2.3 同倍比缩放典型暴雨

按典型降雨雨型，全流域预报降雨总雨量 500mm 进行预报，并将里石门水库流域降雨按 600mm 进行预报。

（1）选择目标典型暴雨。

（2）点击进入雨量干预界面（图 5.6）。

雨量干预操作：

1）输入 500，并点击同倍比缩放。

2）点击【应用】完成整个流域面雨量赋值。

3）点击【里石门水库流域】，输入 600，并点击同倍比缩放。

4）点击【应用】完成里石门水库流域面雨量赋值。

5）点击【确认】完成雨量干预操作。

点击【预报计算】完成操作，页面展示结果。

点位【显示橙色】，表示该站点处于超汛限水位。

点位【显示红色】，表示该站点处于防洪高水位。

点位【显示绿色】，表示该站点处于正常水位。

如果对结果满意可点击【方案保存】，保存后方案可用于调度模拟或会商研判（图 5.7）。

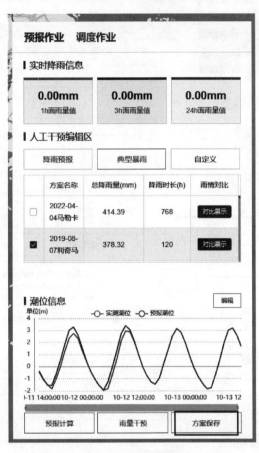

图 5.6　雨量干预界面

图 5.7　调度模拟

图 5.8　"防汛研判"功能

保存后的方案名称格式：预报时间＋输入名称，图 5.8 中"0913"表示 9 点 13 分操作的方案。

保存后的方案仅该账号用户可以查看，点击上报后，所有用户可在"防汛研判"功能中查看该方案（图 5.8）。

4）自定义雨量。点击【自定义】，跳出弹窗，可根据个性需求对雨量进行设置（图 5.9）。

根据需求选择未来时间，点击【下一步】。

根据需求选择平均分配或自定义导入。

若选择平均分配，输入雨量与新增雨型名

图 5.9 个性需求对雨量进行设置图

称后，点击【确认】，雨情分配展示数据；选择流域关联（可多选），点击【赋值】，页面提示赋值成功，点击【下一步】（图 5.10）。

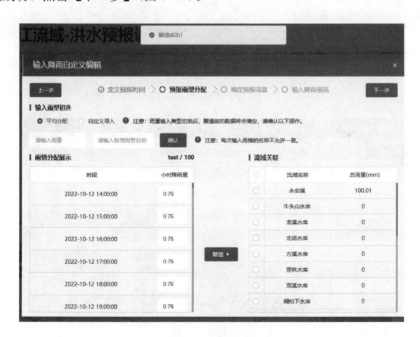

图 5.10 赋值成功页面

若选择自定义导入，在输入雨量名字后，页面提供模板，根据模板填写数据后导入，点击【确认】，雨情分配展示数据；选择流域关联（可多选），点击【赋值】，页面提示赋值成功，点击【下一步】。

　　根据提示对降雨时间进行分割，选择降雨时段，输入降雨量后，点击【缩放】，点击
【确认】，显示缩放后的雨量数据，点击【下一步】（图 5.11）。

　　页面显示该降雨量情况下的预报降雨情况（图 5.12）。

　　点击【预报计算】，地图显示该降雨情况下的各站点的水位情况，可根据需求选择是
否保存本次预报计算的方案（图 5.13）。

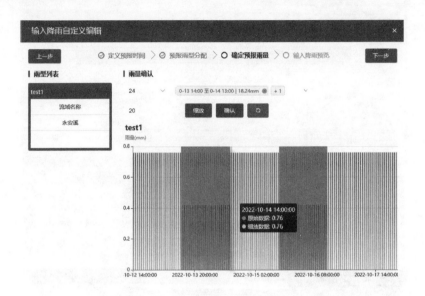

图 5.11　缩放后的雨量数据

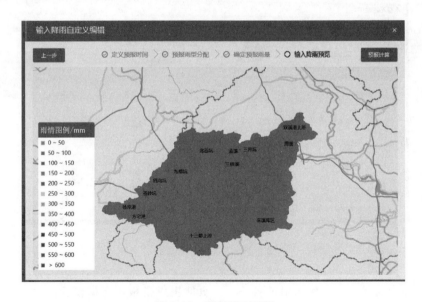

图 5.12　预报降雨情况

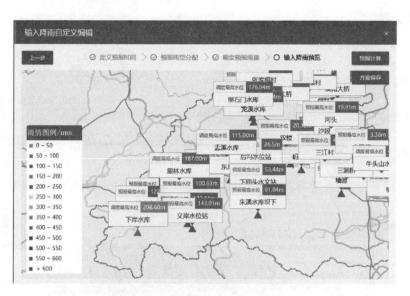

图 5.13　预报计算的方案图

5.3　淹没效果

点击【底图切换】，选择 3D 底图，进入三维场景。

点击【绘制多边形】，可在地图中绘制多边形查看流域预报情况。

点击【清除绘制】，可在地图中删除绘制情况。

支持快速定位不同区域，便于找到所需观察流域区域（图 5.14）。

倾斜影像分区域加载，点击【某一地区】，可根据地区展示该区域倾斜影像摄影（图5.15）。

图 5.14　观察流域区域　　　　　　　图 5.15　区域倾斜影像摄影

（1）方案选择中，根据方案保存时间选择具体的预报方案（图 5.16、图 5.17）。

（2）选择方案开始时间与结束时间，点击创建，系统根据选择时间创建方案淹没效果（图 5.18）。

（3）点击【播放】，系统根据设定的预报调度方案展示城区淹没效果（图 5.19）。

点击【暂停】，可自由选择淹没效果展示的上一张与下一张图片（图 5.20）。

155

图 5.16　方案选择图　　　　　　　　　　　　图 5.17　预报方案

图 5.18　创建方案淹没效果图

图 5.19　城区淹没效果图

图 5.20　自由选择淹没效果展示图

参 考 文 献

［1］ 陈佩琪，王兆礼，曾照洋，等. 城市化对流域水文过程的影响模拟与预测研究 ［J］. 水力发电学报，2020，4（9）：11-19.

［2］ 梁浩，黄生志，孟二浩，等. 基于多种混合模型的径流预测研究 ［J］. 水利学报，2020，51（1）：112-125.

［3］ 刘章君，郭生练，许新发，等. 贝叶斯概率水文预报研究进展与展望 ［J］. 水利学报，2019，50（12）：1467-1478.

［4］ 王万良. 人工智能及其应用 ［M］. 北京：高等教育出版社，2006.

［5］ 浙江省政府办公厅. 浙江省深化"最多跑一次"改革推进政府数字化转型工作总体方案（浙政发〔2018〕48 号）［Z］，2018.

［6］ 张仁贡. 农村水电站电能生产动态不确定优化调度模型的研究 ［J］. 农业工程学报，2011，27（5）：275-281.

［7］ 李继清，王爽，段志鹏，等. 基于 ESMD-BP 神经网络组合模型的中长期径流预报 ［J］. 应用基础与工程科学学报，2020，28（4）：817-832.

［8］ 梁浩，黄生志，孟二浩，等. 基于多种混合模型的径流预测研究 ［J］. 水利学报，2020，51（1）：112-125.

［9］ 李福兴，陈伏龙，蔡文静，等. 基于 EMD 组合模型的径流多尺度预测 ［J］. 地学前缘，2021，28（1）：428-437.

［10］ 姜淞川，陆建忠，陈晓玲，等. 基于 LSTM 网络鄱阳湖抚河流域径流模拟研究 ［J］. 华中师范大学学报（自然科学版），2020，54（1）：128-139.

［11］ 李继清，王爽，段志鹏，等. 基于 ESMD-BP 神经网络组合模型的中长期径流预报 ［J］. 应用基础与工程科学学报，2020，28（4）：817-832.

［12］ 张森，颜志俊，徐春晓，等. 基于 MPGA-LSTM 月径流预测模型及应用 ［J］. 水电能源科学，2020，38（5）：38-41，75.

［13］ 李福兴，陈伏龙，蔡文静，等. 基于 EMD 组合模型的径流多尺度预测 ［J］. 地学前缘，2021，28（1）：428-437.

［14］ 梁浩，黄生志，孟二浩，等. 基于多种混合模型的径流预测研究 ［J］. 水利学报，2020，51（1）：112-125.

［15］ 包苑村，解建仓，罗军刚. 基于 VMD-CNN-LSTM 模型的渭河流域月径流预测 ［J/OL］. 西安理工大学学报：1-11 ［2021-03-29］.

［16］ BERNARD M，GREGORETTI C. The Use of Rain Gauge Measurements and Radar Data for the Model-Based Prediction of Runoff-Generated Debris-Flow Occurrence in Early Warning Systems ［J］. Water Resources Research，2021，57（3）.

［17］ WEI W，JIA L，CHUANZHE L，et al. Data Assimilation for Rainfall-Runoff Prediction Based on Coupled Atmospheric-Hydrologic Systems with Variable Complexity ［J］. Remote Sensing，2021，13（4）.

［18］ YIPENG H，HUANG Y，WEILIN L，et al. Climate Change in Ganjiang River Basin and Its Impact on Runoff ［J］. IOP Conference Series：Materials Science and Engineering，2020，964（1）.

［19］ FAYED A，JIAZHU P. Moving dynamic principal component analysis for non-stationary multivariate time series ［J］. Computational Statistics，2021.